水中机器人创新实验简明教程

刘甜甜　胡　蔓　朱瑞富　主编

山东大学出版社

·济南·

图书在版编目(CIP)数据

水中机器人创新实验简明教程 / 刘甜甜,胡蔓,朱
瑞富主编. —济南:山东大学出版社,2021.1
　ISBN 978-7-5607-6504-4

Ⅰ. ①水… Ⅱ. ①刘… ②胡… ③朱… Ⅲ. ①海洋机
器人－高等学校－教学参考资料　Ⅳ. ①TP242.3

中国版本图书馆 CIP 数据核字(2019)第 259840 号

策划编辑:李　港
责任编辑:李　港
封面设计:周香菊

出版发行:山东大学出版社
　　　　社　　址　山东省济南市山大南路 20 号
　　　　邮　　编　250100
　　　　电　　话　市场部(0531)88363008
经　　销:新华书店
印　　刷:济南华林彩印有限公司
规　　格:720 毫米×1000 毫米　1/16
　　　　12 印张　269 千字
版　　次:2021 年 1 月第 1 版
印　　次:2021 年 1 月第 1 次印刷
定　　价:48.00 元

资助项目

(1)孙康宁等. 面向"新工科"的机械制造基础课程 KAPI 体系改革研究与实践,教育部首批"新工科"研究与实践项目(教高厅函[2018]17 号)。

(2)孙康宁等. 目标导向的微课程体系与新形态课程的研究与实践,教育部第二批"新工科"项目。

(3)刘甜甜等. 水中机器人 KAPI 一体化培养,教育部教指委面向"新工科"的 KAPI 一体化培养方法教学研究项目,项目编号 JJKAPI-201906。

(4)朱瑞富等."实践实训＋创新创业"一体化教学体系的构建及应用,教育部教指委教育科学研究立项项目,项目编号 JJ-GX-JY201726。

(5)朱瑞富等. 工程训练中心创新创业训练平台建设及应用,山东大学实验室建设与管理研究项目立项重大项目,项目编号 sy20171302。

《水中机器人创新实验简明教程》
编委会

前　言

　　水中机器人创新实验项目源自国际水中机器人大赛,这是首个由中国人(北京大学、山东大学等多所国内一流高校)发起、创立并有来自美国、英国、德国、澳大利亚、韩国等国的众多海外高校参加的国际性机器人竞赛,自2008年以来已连续举办了十余届,每年有近百所国内外知名院校参加。随赛事成立的国际水中机器人联盟在主席北京大学谢广明教授的带领下,也已经发展成为涵盖北大、清华、复旦等国内高校以及西点、格罗宁根、埃塞克斯、汉堡等国外高校的国际性学术竞赛组织。

　　水中机器人创新实验项目得到了国家"万人计划"教学名师、国家级教学成果奖一等奖获得者孙康宁教授的肯定与支持,并与其倡导的"知识(Knowledge)、能力(Ability)、实践(Practice)、创新(Innovation)(简称'KAPI')一体化培养"的精神相一致。2019年,《水中机器人KAPI创新设计一体化培养》通过筛选与答辩,获批教育部教指委"新工科"KAPI一体化培养方法教学研究项目立项,水中机器人开始与工程训练教学深度融合。2020年,水中机器人进入全国大学生工程训练综合能力竞赛,设立"水下管道智能巡检"赛项。这是由教育部高等教育司主办的全国性大学生科技创新实践竞赛活动,水中机器人创新实验项目的影响力进一步增强。

　　为更好地推动水中机器人创新实验项目的普及与开展,我们组织相关人员编写了《水中机器人创新实验简明教程》一书。本书以单关节机器鱼和多关节机器鱼为主线,分别介绍了其系统构成、使用方法、毕设案例、竞赛解析等内容,为大学生进行水中机器人创新实验项目提供指导。

在编写过程中,本书参考了大量专家学者的文献和研究资料,在此一并表示感谢!

限于水平和时间,书中内容难免有疏漏之处,敬请各位读者批评指正。

编者

2020 年 12 月

目　录

1 仿生机器鱼与国际水中机器人大赛

1.1 仿生机器人

1.1.1 仿生学与仿生机器人

1.1.1.1 仿生学

仿生学是模仿生物系统的原理建造技术系统,或是使人造技术系统具有或类似于生物系统特征的科学。

仿生学这个名词由美国科学家斯蒂尔在 1960 年 9 月的第一届仿生学国际会议上提出。仿生学是生命科学与工程技术科学交叉的综合性边缘科学。仿生学的任务是通过学习、模仿、复制和再造生物系统的结构、功能、工作原理及控制机制等,来改进现有的或创造新的人造技术系统。

1.1.1.2 仿生机器人

仿生机器人就是模仿自然界中生物的外部形状、运动原理和行为方式等系统,能从事生物特点工作的机器人。

1.1.2 仿生机器人的分类

和机器人一样,仿生机器人的分类方法也很多,本书按照生物机器人、仿人机器人和仿生物机器人三大类进行介绍。

1.1.2.1 生物机器人

生物机器人就是对活体生物的人工控制,涉及生物学、信息学、测控技术、微机电系统等多门学科。日本东京大学曾切除蟑螂头上的探须和翅膀,插入电极、微处理器及红外传感器,通过遥控信号产生电刺激,使蟑螂向特定的方向前进。山东科技大学机器人研究中心利用人工电信号控制家鸽的神经系统,使其能够按照研究人员发出的计算机指令,准确完成起飞、盘旋、绕实验室飞行一周后落地等飞行任务(见图 1-1)。

图 1-1　人工控制活体鸟

1.1.2.2　仿人机器人

仿人机器人,顾名思义,就是模仿人类制作的机器人。

1969 年,日本早稻田大学加藤一郎实验室研发出第一台以双脚走路的机器人(加藤一郎长期致力于仿人机器人研究,被誉为"仿人机器人之父")。日本本田公司和大阪大学联合推出了 P1、P2 和 P3 型仿人步行机器人。在 P3 型仿人步行机器人的基础上,本田公司又研制了 ASIMO 智能机器人(见图 1-2)。ASIMO 智能机器人曾作为日本高科技的形象大使陪同日本政要出国访问,并被很多知名公司及场馆租用为办公楼向导及接待员。ASIMO 智能机器人还曾在纽约证交所摇响开市铃声以庆祝本田在美上市 25 周年,被评为"摇响了机器智能时代的开始"。

图 1-2　ASIMO 智能机器人

　　日本索尼公司也制作了 QRIO 仿人机器人(见图 1-3)。QRIO 仿人机器人能够双足行走、跳跃,甚至跑步,不仅能避让障碍,即使跌倒也能自己站起来。它不仅掌握了 2 万个词汇,还能记忆对话。QRIO 仿人机器人最吸引人的不是功能上的进步,而是它模拟了人类独有的"性格"。QRIO 仿人机器人的 4 个型号拥有各自不同的性格:Ken 属于对宇宙及科学等感兴趣的知识探求型,知识渊博且有独到的见解,特长为猜谜及健谈,具有与人自然交流的谈话能力;Audrey 属于喜欢小孩子的稳重和蔼型,特长为朗读连环画,具有使人开心的对话技术;Charlie 属于喜欢电影及音乐的逗人开心型,擅长舞蹈与运动,能够进行全身协调地运动控制,可以随音乐起舞;Marco 对时装及艺术感兴趣,活泼但"不够稳重",特长为唱歌,可以根据声音合成展示丰富的音乐内容。

图 1-3　QRIO 仿人机器人

法国 Aldebaran Robotics 机器人公司开发了 NAO 仿人机器人（见图 1-4）。2007 年 7 月，NAO 仿人机器人被机器人世界杯组委会选定为标准组比赛平台，作为索尼 AIBO 机器狗的继承者。

图 1-4　NAO 仿人机器人

2016 年以来，美国波士顿动力公司的 Atlas 人形机器人（见图 1-5）的 360°后空翻、三连跳、过独木桥等视频通过社交网络引起了社会各界的广泛关注。

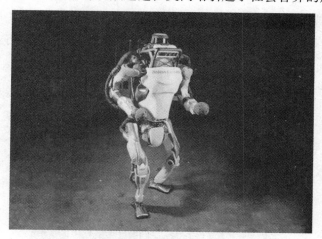

图 1-5　Atlas 人形机器人

1.1.2.3　仿生物机器人

仿生物机器人就是模仿自然界的生物制作的机器人。最著名的仿生物机器人就是索尼 AIBO 机器狗（见图 1-6）。

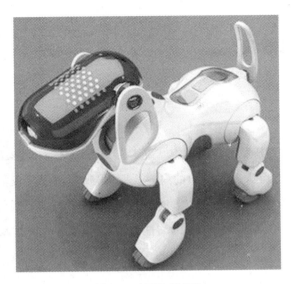

图 1-6　AIBO 机器狗

1999 年,日本索尼公司推出犬型机器人 AIBO。尽管价格不菲,但是首批上架的 3000 只 AIBO 在 20 min 内就被抢购一空。由于其良好的性能,AIBO 被机器人世界杯组委会选定为标准组比赛平台。

由于与自然界中的生物外形相似,具有很好的隐蔽性和环境适应性,学术界尤其是军方非常重视仿生物机器人的开发研究工作。例如波士顿动力公司为美军开发的 Big Dog 机器人(见图 1-7),就是一款能够适应复杂地形条件的机器人,能行走、奔跑、攀爬以及负载重物,受到了各国军方的广泛关注。

图 1-7　Big Dog 机器人

1.2　仿生机器鱼

1.2.1　研究意义

21 世纪是人类开发海洋的世纪。随着陆地资源日益枯竭,人们把目光投向了拥有丰富资源和巨大开发价值的海洋。所以,随着海洋开发需求的增长及技术的进步,适应各种复杂水下环境的水下机器人将会得到迅猛的发展。与传统推进器相比,机器鱼以其效率高、机动性好、噪声低、对环境扰动小的优势受到了广泛的关注。

鱼类作为自然界最早出现的脊椎动物,经过亿万年的自然选择,进化出了非凡的水中运动能力,既可以在持久游速下保持低能耗、高效率,也可以在拉力游速或爆发游速下实现高机动性。鱼类在水中运动的优越表现吸引生物学家研究鱼类的运动机理,而机器人学者则希望制造出和真鱼一样的人造机器鱼。

仿生机器鱼(Bio-mimetic Robot Fish,鱼形机器人),顾名思义,即参照鱼类游动的推进机理,利用机械电子元器件或智能材料来实现水下推进的一种运动装置,被广泛应用于海洋生物考察、海底勘探、军事侦察、娱乐消费等多个领域。

1.2.2　机器鱼的分类

对鱼类游动的推进模式和推进机理的研究是仿生机器鱼研究的理论基础。在自然界中,为了适应环境,鱼类进化出各式各样的运动形式,如游动、滑翔、射流反冲推进等。对流体力学和生物学者来说,其兴趣点主要集中于鱼类游动的周期性运动。1926 年,布里德(Breder)首先对鱼类游动的推进模式进行了分类,这为以后的鱼类推进机制分类架构了一个框架。1984 年,韦布(Webb)根据鱼类推进所使用的身体部位不同,将鱼类游动的推进模式分为两类:身体/尾鳍推进模式(Body and/or Caudal Fin,BCF)和中央鳍/对鳍模式(Median and/or Paired Fin,MPF)。按照这种分类方法,机器鱼也可以分为对应的两大类:BCF

式和 MPF 式。鱼体形态特征描述的有关术语如图 1-8 所示,鱼类游动推进模式的分类如图 1-9 所示。

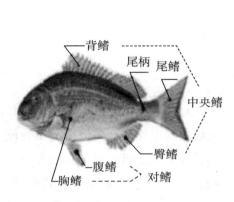

图 1-8 鱼体形态特征描述的术语

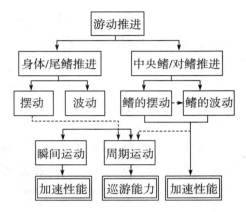

图 1-9 鱼类游动推进模式分类

按照鱼类推进运动的特征,机器鱼可以分为波动式机器鱼和摆动式机器鱼。一般来说,波动式指身体波动式,摆动式指尾鳍摆动式。相对于尾鳍摆动式,身体波动式推进效率较低,但机动性较好。而尾鳍摆动式具有很高的推进效率,适于长时间、长距离巡游,不足之处是其机动性较差。

按照鱼体的形态及运动形式,机器鱼又可以分为鳗鲡模式机器鱼、鲹科模式机器鱼、鲹科加月牙尾推进机器鱼和胸鳍摆动/波动式机器鱼。

(1)鳗鲡模式机器鱼:整个鱼体从头到尾都做波状摆动,而且波幅基本不变,其特点是行进单位距离所需能量最少。

(2)鲹科模式机器鱼:波动主要集中在身体的后 2/3 部分,推进力主要由具有一定刚度的尾鳍产生,推进速度和推进效率较鳗鲡模式高,在速度、加速度和可控性三者之间有最好的平衡。

(3)鲹科加月牙尾推进机器鱼:鱼的前体基本失去柔性,推进运动仅限于身体的后 1/3 部分,特别是尾鳍至尾柄处。通过具有一定刚度、高展弦比尾鳍的运动,产生超过 90% 的推进力。该模式适于长时间的高速巡游,海洋中游速最快的鱼类如鲨鱼和金枪鱼几乎都采用该推进模式。快速(巡游速度高达 20 kn)和高效推进(流体推进效率高达 80% 以上)的优点,使鲹科加月牙尾推进成为仿生推进研究的热点。

（4）胸鳍摆动/波动式机器鱼：所产生的推进力和推进效率最低，大部分鱼类主要通过胸鳍的摆动/波动来提高游动的机动性，或作辅助推进。

1.3　多水下机器人系统

1.3.1　多机器人系统

最近十几年来，随着计算机技术、超大规模集成电路、控制理论、人工智能理论、传感器技术等的不断成熟和发展，由多学科交叉形成的机器人学得到了快速的发展，单个机器人的能力、鲁棒性、可靠性、效率等都有了很大的提升。但是面对一些复杂的、需要高效率的、并行完成的任务时，单个机器人则很难胜任。为了更好地解决这类问题，机器人研究者一方面开发智能更高、能力更强、柔性更好的机器人，另一方面在现有机器人的基础上，通过多个机器人之间的协调工作来完成复杂的任务。多机器人系统就是在这些新的应用需求驱动下应运而生的。

多机器人系统作为一种人工系统，实际上是对自然界和人类社会中群体系统的一种模拟。多机器人协作与控制研究的基本思想就是将多机器人系统看作一个群体或社会，从组织和系统的角度研究多个机器人之间的协作机制，从而充分发挥多机器人系统各种内在的优势。

与单个机器人相比，多机器人系统具有以下优点：

（1）更广的应用范围。单个机器人不能完成某些任务，必须依靠多个机器人才能完成，如执行战术使命、足球比赛等，必须要由一个机器人团队来完成而非单个机器人。

（2）更高的工作效率。对于可以分解的任务来说，多个机器人可以分别在不同的地点和不同的时间并行地完成不同的子任务，这比单个机器人完成所有的子任务要快得多，如对未知区域绘制地图、对某区域进行探雷等。

（3）更有利于机器人设计。对于多机器人系统来说，可以将其中的成员设计成完成某项任务的"专家"，而不是完成所有任务的"通才"。这使得机器人的设计有了更大的灵活性，完成有限任务的机器人可以被设计得更完善。

(4)更高的任务精确性。如果成员之间可以交换信息,那么多机器人系统可以更有效和更精确地进行定位,这对于需要在野外作业的机器人尤为重要。

(5)更好的鲁棒性和稳定性。多机器人系统中的成员相互协作可以增加冗余度,消除失效点,增加解决方案的鲁棒性。例如装配有摄像机的多机器人系统要建立某动态区域基于视觉的地图时,那么某个机器人的失效就不会对全局任务产生很大影响,因此,系统的可靠性更高。

(6)更低的成本。同时建造若干个功能单一的机器人比建造一个具有很强大功能的机器人更加容易、灵活、经济,这降低了设计和制造成本。

(7)解决问题时具有更多的选择方案。与单个机器人相比,多机器人系统可以提供更多的解决方案,因此可以针对不同的具体情况,优化选择方案。

1.3.2　多水下机器人系统

在自然界中,单条鱼的力量是比较弱小的,但作为一个群体时,鱼群在攫取食饵、逃避敌害、繁殖后代和集群洄游等方面表现出的力量令人难以置信。例如生物学家发现,鱼群能够利用彼此之间产生的旋涡来提高游动效率,使单条鱼的续航能力在集群洄游过程中提高 2～6 倍。那么,如何学习和借鉴鱼类的这种群体优势,就延伸出了多水下机器人系统这一研究方向。

在多水下机器人系统研究中,多机器鱼系统被描述为:多条机器鱼(主体)在一个实时、噪声以及对抗性的环境下,通过协作、配合,完成一个共同的目标或复杂任务。

从 2001 年开始,中国科学院自动化所和北京航空航天大学机器人所就联合开展了多微小型仿生机器鱼群体协作与控制的研究,初步建立了多仿生机器鱼协作平台。之后,在微小型仿生机器鱼的研究基础上,北京大学智能控制实验室建立了一套较完善的多水下机器人协作系统,开展了多水下机器人控制体系结构、协调协作策略和算法等方面的研究,圆满完成了协作队形、协作推盘、协作推箱等具有代表性的协作任务。随后,北京大学又以此为基础推出了多鱼协作水球比赛平台,之后成功地将水球比赛推广为机器人世界杯中国公开赛的标准比赛项目,并逐渐发展成为国际水中机器人大赛。

1.4 国际水中机器人大赛

1.4.1 大赛简介

国际水中机器人大赛(以下简称"大赛")是首个也是目前唯一一个由中国高校发起、创立,并有来自美国、英国、德国、荷兰、澳大利亚、挪威、韩国和中国香港等地高校参加的国际性高端学科竞赛,参赛学校数量达百余所。大赛以"认识海洋,经略海洋,推动我国海洋强国建设"为赛事发生背景,设立竞赛项目,展开竞赛活动。大赛的目标是通过竞赛加速新一代智慧海洋工程与装备技术的原始创新和产业化应用步伐。大赛以"海洋机器人"为核心竞赛内容,促进人工智能、机器人等最新信息工程技术在海洋科学、海洋工程与技术两个一级学科上的发展普及和应用,具有鲜明的学科特色和技术特色。

大赛源自北京大学智能控制实验室多机器鱼协作项目("挑战杯"一等奖),是在中国机器人大赛负责人孙增圻教授发展中国自主原创项目的倡议下,由北京大学智能控制实验室谢广明牵头,联合山东大学、天津大学等高校发起的。2008 年,中央电视台《新闻联播》在报道中称比赛为"世界机器人赛事中的首个中国标准"。2012 年,首届国际公开赛开赛,美国西点军校派队参赛。2013 年,中央电视台《新闻联播》再次报道了赛事情况。2014 年,国务院新闻办召开了当年度的国际水中机器人大赛新闻发布会。2016 年,当年度的国际水中机器人大赛在世界机器人大会上举办,成为世界机器人大会的重要组成部分,受到了各方的广泛关注。

1.4.2 大赛意义

2012 年,党的十八大作出了建设海洋强国的重大战略部署。习近平总书记在中共中央政治局就建设海洋强国研究的集体学习中强调,建设海洋强国是中国特色社会主义事业的重要组成部分。实施这一重大部署,对推动经济持续健康发展,对维护国家主权、安全、发展利益,对实现全面建成小康社会目标,进而实现中华民族伟大复兴都具有重大而深远的意义。

习近平总书记还强调,要进一步关心海洋、认识海洋、经略海洋,推动我国海洋强国建设不断取得新成就。要发展海洋科学技术,着力推动海洋科技向创新引领型转变。建设海洋强国必须大力发展海洋高新技术。要依靠科技进步和创新,努力突破制约海洋经济发展和海洋生态保护的科技瓶颈。要搞好海洋科技创新总体规划,坚持有所为、有所不为,重点在深水、绿色、安全的海洋高技术领域取得突破。尤其是要推进海洋经济转型过程中亟须的核心技术和关键共性技术的研究开发。

海洋机器人正是今后认识海洋、开发海洋、保护海洋的核心关键技术,是人工智能、机器人等最先进信息和工程技术在海洋科学与工程领域的具体应用。大赛的设立与发展,与党中央提出的建设海洋强国的重大战略部署完全契合,具有重要的国家战略意义。

1.4.3 大赛特点

大赛自 2007 年创办以来,始终坚持以海洋机器人为竞赛主题,逐步扩大竞赛规模,提高竞赛水平。大赛具有五大特点。

1.4.3.1 中国主导的国际性竞赛

目前,围绕机器人技术设立的竞赛在国际上有很多,但这些国际竞赛都是由欧美发达国家提出并主导其发展的,比赛规则和标准也都由外国把持、主导,所以我国在其中的影响力非常薄弱,只能被动跟随,很难按照我们的意愿引导竞赛发展。国际水中机器人大赛完全由我国高校主导、创立,所有器材标准、竞赛规则等都由中国主导制定和更新,大赛的发展完全为我们国家的战略需求服务。虽然发展我国主导、发达国家跟随的国际性赛事难度非常大,但是大赛经过十几年的发展,已经取得了不凡的成就。截至目前,由中国人主导并能够让这么多国外高校参与进来的国际性赛事仅此一个。

1.4.3.2 始终坚持海洋机器人主题

当前,国内、国外的机器人竞赛种类众多,水平参差不齐,规模大小不同,其中有大量的比赛表演性很强,缺乏战略思考,只是为比赛而比赛。因其设立的意义不足、价值不高,这样的比赛即使再多,对国家发展的贡献也不够理想。国际水中机器人大赛非常专注,始终聚焦于海洋机器人技术的发展,在一个方向上努力做专、做深、做大。只有这种专注和坚持,才能真正促进相关技术的创新和进步,促进在具体行业的产业化应用。

1.4.3.3　技术亟须但难度大

从事海洋机器人技术的人员已经发现,发展海洋机器人的技术难度非常大、门槛非常高,存在诸多亟待解决的技术难点,如水下能源供给问题、水下无线通信问题、水下自主定位问题、设备防水问题等,比陆地或空中相关的机器人技术复杂、困难得多。技术难度大但国家又亟须,大赛的设立很好地解决了这个问题。大赛吸引了更多的高校对此关注和介入,让更多的高校学生学习和掌握了海洋机器人的相关技术。大赛的国际性交流还让国内高校及时了解了国际上的发展动态,把国际上的一些最新研究成果引入了国内。

1.4.3.4　促进技术原始创新

大赛非常看重海洋机器人技术的原始创新,鼓励参赛师生积极探索海洋机器人的新原理、新方法、新技术。例如大赛一直坚持的智能仿生海洋机器人(如仿生机器鱼),是当前国际海洋机器人技术研究的前沿方向。通过多年的发展,大赛促进了国内相关高校科研的进步,产生了几十篇高质量的国际论文,授权了几十项发明专利,并获得了多项国家级和省部级科研项目的资助。

1.4.3.5　推动技术产业化

近年来,随着海洋机器人技术发展的不断成熟,大赛开始有意地设立水下目标检测、水下目标抓捕、水面垃圾清理等从实际海洋产业需求中提炼出来的竞赛科目。通过这种产业化科目的设立,吸引更多的人才关注和投入海洋机器人的产业化事业中,加速推动相关海洋机器人技术在实际产业中的应用。

1.4.4　大赛成果

1.4.4.1　水下机器人新概念样机的研发

研发仿箱鲀机器人。模仿箱鲀鱼类的高机动性特点,设计相互独立控制的两个胸鳍和一个尾鳍,三个鳍肢灵活配合,实现前进后退、转弯、上升下潜、连续左右横滚和连续前后滚翻等多种复杂运动模态的仿箱鲀机器人。

研发可重构水下仿生机器人。基于模块化的设计,通过模块之间的不同组合连接方式实现多种结构和功能的水下机器人,如可重构双尾鳍仿生机器人可以极大地提高机器人的抗扰稳定性和设备负载能力。

研发水陆两栖仿生机器人。基于腿鳍复合的五连杆机构的设计,提高机器人的运动性能并产生多种运动模态,从而实现水中游动和地面行走。

1.4.4.2 水下机器人的相关技术进步

设计研发一种基于电场的水下通信系统。水下通信是水下机器人的技术瓶颈,极大地限制了水下机器人的应用。水声通信设备体积大、功耗高、带宽窄,无法集成到小型机器鱼上;激光通信对方向敏感,使机器人的运动大大受限。设计和研发了一套基于电场的水下通信系统,体积小、功耗低,使机器鱼具备了近距离较高带宽的通信能力,为多机器鱼协作工作时的局部交互提供了有力的技术支持。

提出一种水下机器人自主定位方法。水中定位是海洋机器人执行复杂任务的关键影响因素和难点之一。提出一种基于视觉和惯性信息的海洋机器人高精度在线定位方法,给出一种图像处理算法以提高水下图像的质量,利用卡尔曼滤波处理传感器获得的数据,结合视觉和惯性信息并基于蒙特卡罗方法,从而实现高准确度的在线定位。将该定位算法成功应用于携带低成本摄像头和惯性测量单元(IMU)的海洋机器人,实现了达到厘米级精度的实时定位。

1.4.4.3 海洋机器人的应用测试

南北极海域成功首航。2012 年,仿箱鲀机器鱼首次在北极地区水域试航,成功实现了机器鱼在北冰洋里畅游。这不仅是国内首次,而且截至目前也未发现有类似的报道。2014 年,可重构双尾鳍机器鱼携带水质传感器在南极地区首航,实现平稳游动并实时获取水质数据。这是仿生机器鱼首次在南极地区实施水质测量实验。

1.4.4.4 孵化海洋机器人公司和产品研发

大赛孵化了多家从事海洋机器人行业的创业公司,诞生了多个面向教育、消费、环境监测等领域的产品。

1.4.5 国际水中机器人联盟

国际水中机器人联盟是根据科学技术部、财政部、教育部、国务院国资委、中华全国总工会、国家开发银行六部门联合发布的《关于推动产业技术创新战略联盟构建的指导意见》（国科发政〔2008〕770号）文件精神成立的，由企业、大学及部分科研人员共同组成的技术创新合作组织。

推动联盟构建的指导思想是：以国家战略产业和区域支柱产业的技术创新需求为导向，以形成产业核心竞争力为目标，以企业为主体，围绕产业技术创新链，运用市场机制集聚创新资源，实现企业、大学和科研机构等在战略层面有效结合，共同突破产业发展的技术瓶颈。

联盟的主要任务是组织企业、大学和科研人员等围绕产业技术创新的关键问题，开展技术合作，突破产业发展的核心技术，形成重要的产业技术标准；建立公共技术平台，实现创新资源的有效分工与合理衔接，实行知识产权共享；实施技术转移，加速科技成果的商业化运用，提升产业整体竞争力；联合培养人才，加强人员的交流互动，为产业持续创新提供人才支撑。

联盟主席由北京大学谢广明担任，副主席由陈言俊（山东大学）、李卫国（太原理工大学）、王滨生（哈尔滨工业大学）、郑曦（西北工业大学）担任。

2 KenFish 单关节机器鱼系统构成

本章主要对 KenFish 单关节机器鱼套件进行介绍。该平台符合国际水中机器人大赛工程项目组的竞赛要求,学生可在此基础上进行改装,参加相关竞赛或进行课程设计、毕业设计等。同时,该平台提供完善的机械结构与图形化的控制系统,可供参加 KAPI 一体化训练项目的不同学科学生进行拆装学习使用,帮助各专业学生快速进行水下仿生推进、螺旋桨推进、传感与控制等多方面的学习与训练,亦可以此为基础进行改造,制作自己的项目作品。

2.1 功能

KenFish 单关节机器鱼套件应用仿生学技术,模拟鱼类的游动方式,使机器人在水中游动时动作连续、自由灵活;拥有螺旋桨推进机构、转动机构等多种运动机械结构,使机器人能够进行更多方式的运动;配置有视觉舱体,可进行 720p 高清视频的实时传输和图像存储;配备多种传感器模块,方便学生进行不同功能模块的选择使用;舱内预留足够的空间,并采用标准化接口,方便学生自由改造(见图 2-1)。

图 2-1 KenFish 单关节机器鱼套件

单关节套件分为头舱处理器模块、标准配重模块、摆动推进模块、螺旋桨推进模块、传感器模块等,采用舱体化设计,舱体模块之间通过标准 PH2.0-4P 接口连接,包含电源线和 CAN 通信总线,方便各舱体之间通信,可根据需求自由组合,灵活增减舱体,满足多种应用场景(见图 2-2)。

图 2-2　模块舱体化设计

2.2　系统构成

KenFish 单关节机器鱼的整体结构和连接如图 2-3 和图 2-4 所示。

为了实现机械上的模块化,模块上(头舱 1、尾舱 4 除外)皆设置有标准化卡扣 6,两模块之间通过卡扣进行对接,再用螺钉进行紧固,实现模块之间的连接,安装简便,连接可靠。卡扣 6 可拆卸更换,同时其外形保证了水下机器人的整体流体线型。

电气连接接口采用标准化接口,连接线材通过中间预留空进行布置。连接密封圈 9 设置于舱盖 8 上,中间留有通孔,用于放置电气连接线材,密封效果好。

以上设置使得功能舱 3 可与头舱 1、尾舱 4 或螺旋桨推进舱 2 进行任意组合连接,同时不同的功能舱之间亦可连接,进行多次功能模块叠加,可根据任务需求进行增加或减少功能舱,有效解决水下机器人测试、模块升级、运输、多任务执行问题。

与目前水下机器人模块化结构相比,该结构连接更可靠,安装更简便,密封效果更好,且通过各模块的相互组合,具有很高的重构性。例如只组装头舱 1、功能舱 3、尾舱 4 模块，即基础的水下机器人，具备水质检测、拍摄功能。在此基础上，加装螺旋桨推进舱 2，可实现加速、上升下潜功能。若有其他不同任务，可加装或改装不同的功能舱 3，进行功能扩展，以满足任务需求。

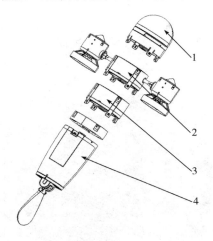

图 2-3　结构示意图

1 为头舱；2 为螺旋桨推进舱；3 为功能舱，可替换为传感器舱、红外传感器舱、配重舱、标准扩展舱、浮力舱等，亦可将若干舱连接使用；4 为尾舱。

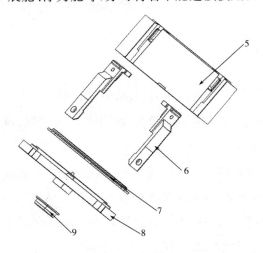

图 2-4　连接示意图

5 为舱体；6 为卡扣；7 为舱盖密封圈；8 为舱盖；9 为连接密封圈。

2.3 舱体

2.3.1 头舱

头舱如图 2-5 所示。

图 2-5 头舱

2.3.1.1 主要特性

(1)半球形外形设计,符合流体力学,水中运动更流畅。

(2)30 万像素 MJPG 硬编码摄像头,配合头舱透明罩,更有 LED 补光,可实时观察水下清晰图像。

(3)Linux 处理器控制板核心处理器为 Raspberry Pi Zero W 计算模块,内部包含一个主频 1 GHz 的 BCM2835 处理器;512 MB RAM。Raspberry Pi Zero W 计算模块内部采用赛普拉斯 BCM43438 芯片,支持 Wi-Fi 802. 11 a/b/g/n 和 Bluetooth 4. 0 标准,通过板载 PCB 天线,实现水中机器人与上位机的视频和指令传输;Linux 处理器控制板通过外部 Micro-SD 卡座存放操作系统。

(4)头舱控制底板采用 STM32F103CBT6 作为主控芯片,主频 72 M,通过串口与嵌入式核心板相连,实现指令下发和数据上传。

(5)舱控制底板采用高效的开关电源方案,采用 SY8113B DC-DC 电源芯片,电源输入电压范围为 4.5～16 V,实现对电压的变换,输出电压为 5 V 和 3.3 V。

(6)头舱控制底板通过 PH2.0-4P 接口连接到其他舱室,4Pin 接口包含 CAN 通信总线和电源总线。

(7)头舱控制底板预留 PH2.0-5P SWD 接口,便于程序下载调试。

2.3.1.2　规格参数

头舱参数如表 2-1 所示。

表 2-1　头舱参数表

品牌	乐智
产品型号	单关节头舱
尺寸	98 mm(最大直径)×108 mm(长度)
重量	262.4 g
工作电压	5～16 V
控制方式	自主控制、平台控制、手柄控制

2.3.1.3　接线说明

头舱接线如表 2-2 所示。

表 2-2　头舱接线表

黑线	GND	电源负极
红线	DC 5～16 V	电源正极
白线	CANL	CAN 总线 L
黄线	CANH	CAN 总线 H

2.3.1.4　主要用途

头舱作为水中机器人的“大脑”,通过 Wi-Fi 与上位机进行通信,将摄像头采集到的实时视频和各在线舱体数据上传到上位机,同时对接收到的数据进行处理,对在线舱体进行指令传输。

2.3.2　螺旋桨推进舱

螺旋桨推进舱如图 2-6 所示。

图 2-6　螺旋桨推进舱

2.3.2.1　主要特性

（1）两侧各配一个水下推进器，作为螺旋桨推力的动力源，动力充足，控制简单，无须考虑防水问题，通过 PWM 进行速度调节、正反转控制、带转速反馈。

（2）舱内设计转动控制模块，内置金属齿微型大扭力数字舵机，可灵活控制输出轴 180°旋转，从而控制水下推进器的推进方向，实现前进、后退、上升、下潜。

（3）标准 STM32 核心板：STM32 Core-V3.1，主控芯片 STM32F103CBT6，主频 72 MHz，预留 PH2.0-5P SWD 接口，具有 PH2.0-4P 总线接口，通过 CAN 通信总线与各舱室进行数据交换，电源电压为 11.1 V。核心板采用高效的开关电源方案，采用 SY8113B DC-DC 电源芯片，电源输入电压范围为 4.5～16 V，实现对电压的变换，变换成 5 V 和 3.3 V 的电压，1 个。

（4）螺旋桨推进拓展板：ServoMotor-V1.3，采用标准的自定义接口与标准 STM32 核心板连接，集成有两路舵机和两路防水电机驱动电路，通过 STM32 核心板提供 5 V 电压给舵机供电，防水电机直接由电池供电，1 个。

（5）内置 5 片异型镀锌铁片作为配重片，可进行增减以调节舱体配重。

2.3.2.2　规格参数

螺旋桨推进舱参数如表 2-3 所示。

表 2-3　螺旋桨推进舱参数表

品牌	乐智
产品型号	单关节螺旋桨推进舱
尺寸	286 mm(最大宽度)×86 mm(长度)
重量	946.2 g
工作电压	5～16 V
控制方式	接收单关节头舱指令控制

2.3.2.3　接线说明

螺旋桨推进舱接线如表 2-4 所示。

表 2-4　螺旋桨推进舱接线表

黑线	GND	电源负极
红线	DC 5～16 V	电源正极
白线	CANL	CAN 总线 L
黄线	CANH	CAN 总线 H

2.3.2.4　主要用途

螺旋桨推进舱作为水中机器人的推进动力来源,通过 4Pin 线连接前后舱体,接收单关节头舱指令并做出相应的动作。例如推动水中机器人加速前进,使水中机器人上升或下潜等。

2.3.3　传感器舱

传感器舱如图 2-7 所示。

图 2-7　传感器舱

2.3.3.1　主要特性

(1)内置气压传感器:GY-68,BMP180 压力传感器,压力范围为 300～1100 hPa,I2C 接口,1 个。

(2)内置六轴陀螺仪加速度计传感器:GY-521,MPU-6050 芯片,三轴陀螺仪可编程测量范围为±250 °/s、±500 °/s、±1000 °/s 与±2000 °/s,三轴加速度可编程测量范围为±2g、±4g、±8g 与±16g,I2C 接口,1 个。

(3)内置电子罗盘:GY－271,HMC5883L 三轴磁场传感器,测量范围为±1.3～8 G,I2C 接口,1 个。

(4)标准 STM32 核心板:STM32Core-V3.1,主控芯片 STM32F103CBT6,主频 72 MHz,预留 PH2.0-5P SWD 接口,具有 PH2.0-4P 总线接口,通过 CAN 通信总线与各舱室进行数据交换,电源电压为 11.1 V。核心板采用高效的开关电源方案,采用 SY8113B DC-DC 电源芯片,电源输入电压范围为 4.5～16 V,实现对电压的变换,变换成 5 V 和 3.3 V 电压,1 个。

(5)传感器拓展板:Sensor-V1.3,通过定义的标准接口与标准 STM32 核心板连接,通过 1 路 IIC 总线挂载多路传感器,包括气压传感器 GY-68、六轴陀螺仪加速度传感器 GY-521、电子罗盘 GY-273 和预留的 IIC 总线接口,便于后续拓展,1 个。

2.3.3.2　规格参数

传感器舱参数如表 2-5 所示。

表 2-5　传感器舱参数表

品牌	乐智
产品型号	单关节传感器舱
尺寸	102 mm(最大直径)×62 mm(长度)
重量	399.8 g
工作电压	5～16 V
控制方式	接收单关节头舱指令控制

2.3.3.3　接线说明

传感器舱接线如表 2-6 所示。

表 2-6　传感器舱接线表

黑线	GND	电源负极
红线	DC 5～16 V	电源正极
白线	CANL	CAN 总线 L
黄线	CANH	CAN 总线 H

2.3.3.4　主要用途

　　传感器舱作为水中机器人的"感官"，通过 4Pin 线连接前后舱体，接收单关节头舱指令并做出相应的动作。例如气压传感器获取当前气压值并将数据通过单关节头舱上传到上位机，并通过上位机舱体查看信息。

2.3.4　红外传感器舱

　　红外传感器舱如图 2-8 所示。

图 2-8　红外传感器舱

2.3.4.1　主要特性

　　(1)舱体外部预留 8 个防水连接头面板端，其中 6 个为红外传感器接口，2 个为舵机驱动接口，可以接对应的防水连接头接线端，不接时可以用防尘塞封住。

（2）标准 STM32 核心板：STM32Core-V3.1，主控芯片 STM32F103CBT6，主频 72 MHz，预留 PH2.0-5P SWD 接口，具有 PH2.0-4P 总线接口，通过 CAN 通信总线与各舱室进行数据交换，电源电压为 11.1 V。核心板采用高效的开关电源方案，采用 SY8113B DC-DC 电源芯片，电源输入电压范围为 4.5～16 V，实现对电压的变换，变换成 5 V 和 3.3 V 电压，1 个。

（3）红外扩展板：InfraredSwitch-V1.0，通过定义的标准接口与标准 STM32 核心板连接，通过 6 个红外传感器接口和 2 个舵机驱动接口，可以对外挂的红外传感器进行数据采集和对外挂的舵机进行控制，1 个。

2.3.4.2　规格参数

红外传感器舱参数如表 2-7 所示。

表 2-7　红外传感器舱参数表

品牌	乐智
产品型号	单关节红外传感器舱
尺寸	102 mm（最大直径）×62 mm（长度）
重量	221.8 g
工作电压	5～16 V
控制方式	接收单关节头舱指令控制

2.3.4.3　接线说明

红外传感器舱接线如表 2-8 所示。

表 2-8　红外传感器舱接线表

黑线	GND	电源负极
红线	DC 5～16 V	电源正极
白线	CANL	CAN 总线 L
黄线	CANH	CAN 总线 H

2.3.4.4　主要用途

红外传感器舱作为水中机器人的"感官"，通过 4Pin 线连接前后舱体，接收单关节头舱指令并做出相应的动作。例如红外传感器识别采集数据并回传到单关节头舱，头舱对数据进行解析处理后可以选择操作红外传感器舱舵机做出相应的动作。

2.3.5 标准配重舱

标准配重舱如图 2-9 所示。

图 2-9 标准配重舱

2.3.5.1 主要特性

内置 12 片异型镀锌铁片作为配重片,可根据其他舱体连接情况或外部挂载的负荷大小进行增减数量,以调节舱体配重,实现浮力与重力的调整和重心位置的调整。

2.3.5.2 规格参数

标准配重舱参数如表 2-9 所示。

表 2-9 标准配重舱参数表

品牌	乐智
产品型号	单关节标准配重舱
尺寸	102 mm(最大直径)×62 mm(长度)
重量	481.8 g
工作电压	5～16 V
控制方式	不需控制,用于调节重力或重心

2.3.5.3 接线说明

标准配重舱接线如表 2-10 所示。

表 2-10 标准配重舱接线表

黑线	GND	电源负极
红线	DC 5～16 V	电源正极
白线	CANL	CAN 总线 L
黄线	CANH	CAN 总线 H

2.3.5.4 主要用途

标准配重舱作为水中机器人的"重心",通过 4Pin 线连接前后舱体,根据其他舱体连接或外部挂载的负荷进行重心调节,同时通过灵活增减内置配重片的数量来调节整体的重力与浮力。

2.3.6 标准扩展舱

标准扩展舱如图 2-10 所示。

图 2-10 标准扩展舱

2.3.6.1 主要特性

(1)可扩展的个性化应用舱段,根据个性化任务,用户可基于标准的电源及通信总线接口开发自己的硬件。

(2)可以调整内部配重片,实现浮力、姿态调节。

2.3.6.2 规格参数

标准扩展舱参数如表2-11所示。

表2-11 标准扩展舱参数表

品牌	乐智
产品型号	单关节标准扩展舱
尺寸	102 mm(最大直径)×62 mm(长度)
重量	162.0 g
工作电压	5～16 V
控制方式	预留用户个性化扩展应用

2.3.6.3 接线说明

标准扩展舱接线如表2-12所示。

表2-12 标准扩展舱接线表

黑线	GND	电源负极
红线	DC 5～16 V	电源正极
白线	CANL	CAN总线L
黄线	CANH	CAN总线H

2.3.6.4 主要用途

标准扩展舱作为水中机器人的扩展空间,通过4Pin线连接前后舱体。用户可以基于标准的电源及通信总线接口开发自己的硬件,也可以调整内部配置片以实现浮力、姿态调节。

2.3.7 尾舱

尾舱如图 2-11 所示。

图 2-11　尾舱

2.3.7.1　主要特性

（1）配置 Futaba S3003 标准尺寸舵机，通过伞齿传动结构，作为摆动推进的动力源。

（2）内置带 3 A 保护板的锂离子聚合物电池（3 A、11.1 V、1800 Mah），作为水中机器人的能量来源。

（3）配套 12.6 V、1 A 锂电池充电器。

（4）顶部开关控制面板带防水开关、DC 充电口、带密封塞的气嘴（可做漏气检测）。

（5）带 LED 功能指示板：Control LED-V2.2，上面有红、黄、蓝、绿 4 种颜色的 LED，其中红色 LED 为电源指示，亮时说明供电正常，另外 3 种颜色的 LED 可供用户自定义配置，以显示某些状态信息。例如可以结合电压检测来显示电量，或显示某些运动状态信息。

（6）摆动推进舱控制板：Control-V3.8，主控芯片为 STM32F103CBT6，主频 72 MHz，具有 PH2.0-4P 总线接口，以及电池电压 AD 检测和舱室温湿度检测，CAN 通信总线接口 1 个，3 个可自定义 LED 控制 GPIO 口，1 个舵机驱动接口，1 路防水电机驱动接口，预留 PH2.0-5P SWD 接口，便于程序下载调试，同时具有 3 A 大电流过载保护功能。

2.3.7.2　规格参数

尾舱参数如表 2-13 所示。

表 2-13　尾舱参数表

品牌	乐智
产品型号	单关节尾舱
尺寸	101 mm(最大直径)×310 mm(长度)
重量	567.8 g
工作电压	5～16 V(自身可供电)
控制方式	接收单关节头舱指令控制

2.3.7.3　接线说明

尾舱接线如表 2-14 所示。

表 2-14　尾舱接线表

黑线	GND	电源负极
红线	DC 5～16 V	电源正极
白线	CANL	CAN 总线 L
黄线	CANH	CAN 总线 H

2.3.7.4　主要用途

尾舱作为水中机器人摆动推进的动力源和能量来源,通过 4Pin 线连接前端舱体,接收单关节头舱指令并做出相应的动作。例如通过摆动使水中机器人前进、左转、右转,为水中机器人提供稳定的电源。

2.3.8　浮力舱

浮力舱如图 2-12 所示。

图 2-12 浮力舱

2.3.8.1 主要特性

（1）舱体内部设置独创的浮力控制装置，可以改变整体浮力，使整体呈现上升或下潜。

（2）标准 STM32 核心板：STM32Core-V3.1，主控芯片 STM32F103CBT6，主频 72 MHz，预留 PH2.0-5P SWD 接口，具有 PH2.0-4P 总线接口，通过 CAN 通信总线与各舱室进行数据交换，电源电压为 11.1 V。核心板采用高效的开关电源方案，采用 SY8113B DC-DC 电源芯片，电源输入电压范围为 4.5～16 V，实现对电压的变换，变换成 5 V 和 3.3 V 电压。

（3）浮力舱顶板：Diving-V1.4，通过定义的标准接口与标准 STM32 核心板连接，通过引出的 3 个 5 V 控制接口对浮力控制装置进行控制，通过预留的 IIC 接口与浮力控制装置上的水温水深传感器进行通信，实时反馈当前的水温和水深数据，结合板载 TOF 测距传感器，可对浮力进行闭环控制。

（4）舱体外壳上装配舱体密封塞，一边预留 4 个 M3 螺纹孔，可灵活进行挂载。

2.3.8.2 规格参数

浮力舱参数如表 2-15 所示。

表 2-15 浮力舱参数表

品牌	乐智
产品型号	单关节浮力舱
尺寸	108 mm(最大直径)×85 mm(长度)
重量	221.8 g
工作电压	5～16 V
控制方式	接收单关节头舱指令控制

2.3.8.3 接线说明

浮力舱接线如表 2-16 所示。

表 2-16 浮力舱接线表

黑线	GND	电源负极
红线	DC 5～16 V	电源正极
白线	CANL	CAN 总线 L
黄线	CANH	CAN 总线 H

2.3.8.4 主要用途

浮力舱作为水中机器人的"鱼鳔",通过 4Pin 线连接前后舱体,接收单关节头舱指令并做出相应的动作。例如浮力舱接收头舱下潜指令,控制舱内浮力控制装置,减小整体的浮力,使其小于整体的重力,整体下潜。

2.3.9 线序说明

外部防水接头线序如图 2-13 所示,内部防水接头线序如图 2-14 所示。其中,黑色线表示电源地(GND),红色线表示电源正(VCC),黄(蓝)色线表示转速反馈(FG),绿色线表示方向(CW/CCW),白色线表示脉宽调制控制速度(PWM)。

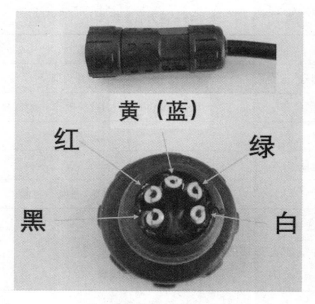

图 2-13 外部防水接头线序

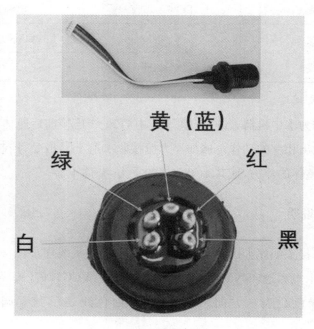

图 2-14 内部防水接头线序

3 单关节机器鱼控制平台与图形化界面编程

3.1 单关节机器鱼控制平台

3.1.1 连接平台

3.1.1.1 启动水中机器人

按下水中机器人尾舱面板上的按键开关,启动水中机器人,电量指示灯点亮,亮灯数目随电量下降而减少(见图 3-1)。

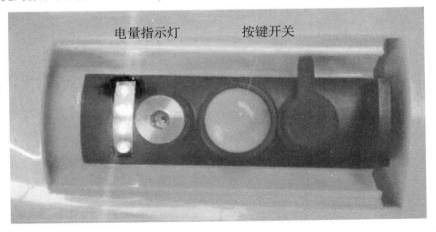

图 3-1　启动机器人

3.1.1.2 连接 Wi-Fi

查看电脑可连接 Wi-Fi,等待 KenFish_XXXX 的 Wi-Fi 开启,单击"连接"按钮,输入密码 12345678,单击"下一步"按钮,显示连接成功(见图 3-2)。

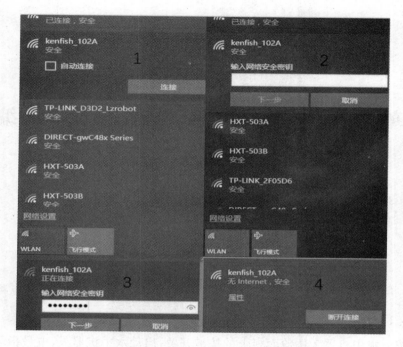

图 3-2　Wi-Fi 开启，输入密码并连接

3.1.1.3　打开平台

依次双击"控制平台""Release""kenfish. exe"（见图 3-3）。

图 3-3　打开平台

3.1.1.4　平台界面

打开平台后能看到调试上方的状态指示灯变绿，摄像头界面有图像回传，对应的头舱节点和尾舱节点的状态指示灯变绿,表示水中机器人能够正常运行(见图3-4)。

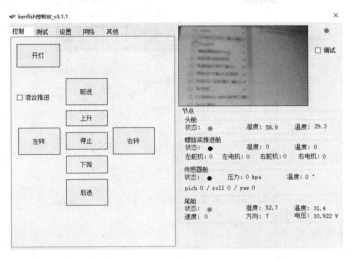

图3-4　平台界面

单击菜单栏上的控制选项,能够控制水中机器人做出相应的动作。例如:单击"开灯"按钮,头舱白光LED点亮;单击"前进"按钮,尾舱尾鳍开始摆动;单击"左转"按钮,尾舱尾鳍开始向左边摆动;单击"右转"按钮,尾舱尾鳍开始向右摆动;单击"停止"按钮,尾舱尾鳍停止摆动。其他功能需要安装螺旋桨推进舱才能够实现。

节点栏中会显示当前连接的节点信息。例如:头舱,状态指示灯变绿,湿度为58.9%,温度为29.3 ℃。用户可以通过节点栏查看节点信息。

3.1.2　平台设置

3.1.2.1　运行调试

单击菜单栏上的测试选项,可以设置速度和方向。单击"启动""停止"或"复位"按钮,对水中机器人进行测试(见图3-5)。

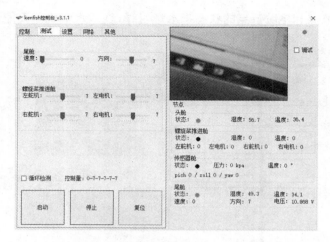

图 3-5　测试界面

3.1.2.2　调直设置

单击菜单栏上的设置选项,可以对尾鳍和螺旋桨舵机进行调直设置。

当尾鳍或螺旋桨舵机上电后偏离中位时,可通过鼠标拖动蓝色标进行调整。单击"设置"按钮,完成调直。如果希望进行复原,则可单击"复位"按钮(见图 3-6)。

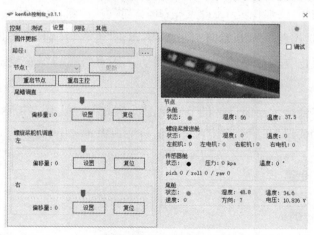

图 3-6　设置界面

3.1.2.3　固件更新

单击菜单栏上的设置选项,可以进行节点固件更新和主控固件更新(见图3-7)。

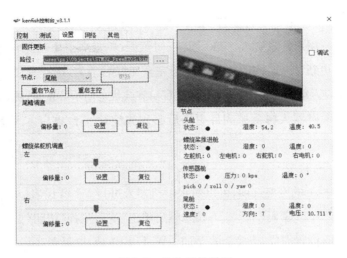

图 3-7　尾舱更新界面

单击固件更新区域路径右侧的"．．．"按钮,进行固件路径选择,如 kenfish 资料包\文件更新\用户开发资料 2017－11－10\用户开发资料－git\固件\尾舱 lmst_node_user\prj\Objects。单击节点下拉菜单选择对应的节点,然后单击"更新"按钮,并等待进度条完全变绿后消失,更新按钮重新生效,单击"重启节点"按钮,并等待对应节点状态指示灯由黄变绿即可(见图 3-8)。

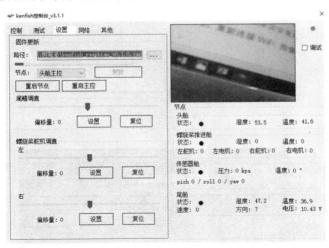

图 3-8　头舱更新界面

对树莓派固件进行更新时,必须确保机器人有足够的电量并严禁关闭机器人电源。先对固件路径进行选择,如 kenfish 资料包\文件更新\用户开发资料 2017－11－10\用户开发资料－git\固件\树莓派,单击节点下拉菜单选择头舱主控,然后单击"更新"按钮,同时等待进度条完全变绿后消失,选择重启主控,并等待 Wi-Fi 重新开启。重新连接 Wi-Fi,图像界面和节点状态指示灯正常,更新成功。

注意:水中机器人树莓派固件更新后必须先完成平台重启才可关闭机器人电源。

3.1.2.4　Wi-Fi 设置

单击菜单栏上的网络选项,可以对水中机器人进行 Wi-Fi 设置。输入新的 Wi-Fi 名称和新的 Wi-Fi 密码(不少于 8 位),然后单击"重启主控"按钮(见图 3-9),耐心等待新的 Wi-Fi 设置完成,连接新的 Wi-Fi,Wi-Fi 设置成功(见图 3-10)。

注意:设置新的 Wi-Fi 需要等待一段时间。

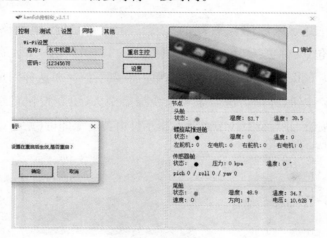

图 3-9　网络设置界面

图 3-10　新 Wi-Fi 设置成功

3.1.2.5　版本信息

单击菜单栏上的其他选项,可查看当前树莓派固件的版本信息(见图3-11)。

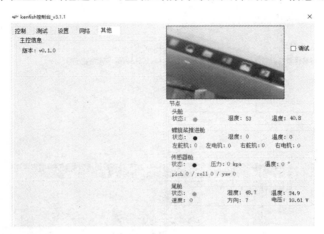

图3-11　版本信息界面

3.2　图形化界面编程

3.2.1　软件安装

(1)依次打开 KenFish-A 系列软件资料和图形化编程平台,双击"setup.exe"(见图3-12)。

图3-12　软件位置

（2）出现安装向导，单击"下一步"按钮（见图 3-13）。

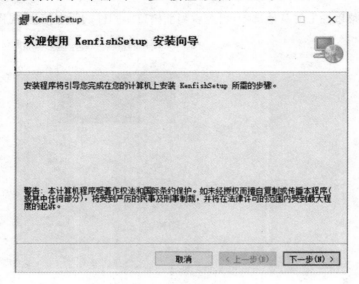

图 3-13　安装界面

（3）在选择安装文件夹界面，单击"浏览"按钮修改安装地址，修改完后单击"下一步"按钮（见图 3-14）。

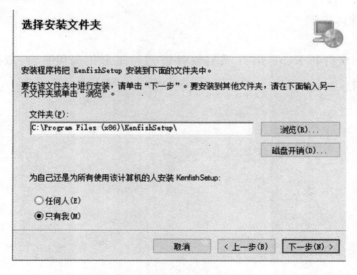

图 3-14　选择安装文件夹

（4）直到安装完成，单击"关闭"按钮（见图3-15）。

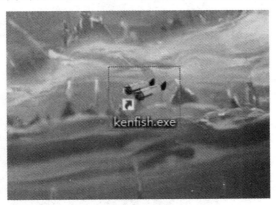

图 3-15　完成界面

（5）计算机桌面出现 KenFish 图形化编程平台快捷方式图标（见图3-16）。

图 3-16　桌面快捷方式图标

3.2.2　软件简介

3.2.2.1　启动平台

双击 KenFish 图形化编程平台快捷方式图标，打开 KenFish 图形化编程平台（见图3-17）。

图 3-17　编程平台界面

3.2.2.2　连接 Wi-Fi

　　查看计算机可连接 Wi-Fi,等待 KenFish_XXXX 的 Wi-Fi 开启,单击"连接"按钮,输入密码(默认为 12345678,见图 3-18),平台 Logo 变为黄色,说明平台与水中机器人连接成功(见图 3-19)。

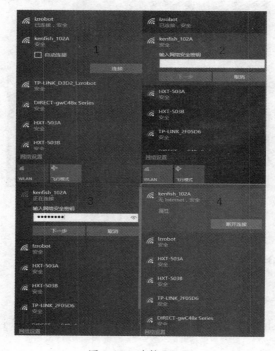

图 3-18　连接 Wi-Fi

图 3-19　连接成功 Logo 点亮

3.2.2.3　平台界面

左侧功能模块栏中包含执行、传感等不同种类模块，常用的有以下几种：

执行类功能模块：即可以对动作进行操作和停止的功能模块（见图 3-20）。

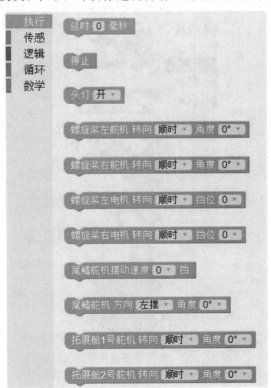

图 3-20　执行类功能模块内容

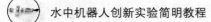

传感类功能模块：即获取传感器状态或数据的功能模块（见图 3-21）。

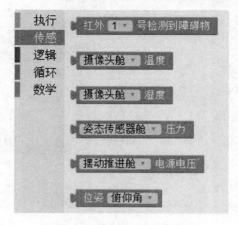

图 3-21　传感类功能模块内容

逻辑类功能模块：即程序运行逻辑语句的功能模块（见图 3-22）。

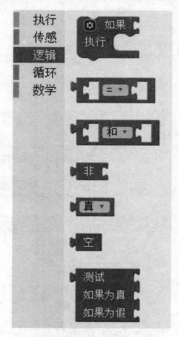

图 3-22　逻辑类功能模块内容

循环类功能模块：即程序循环运行次数函数的功能模块（见图 3-23）。

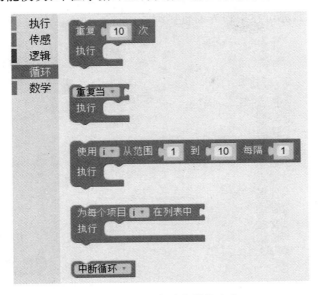

图 3-23 循环类功能模块内容

数学类功能模块：即数字运算函数的功能模块（见图 3-24）。

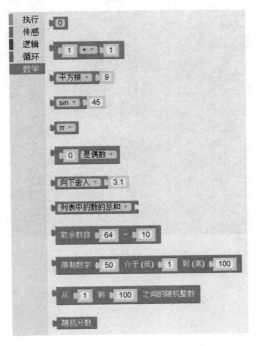

图 3-24 数学类功能模块内容

其他功能模块不再赘述，以上模块化内容均可直接拖拽至图形化窗口界面使用（见图3-25），亦可在编程界面直接编程（见图3-26）。

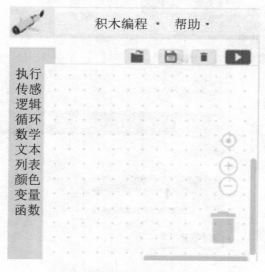

图 3-25　图形化窗口界面

```
1  #!/usr/bin/python3
2  # -*- coding: UTF-8 -*-
3  import ctypes
4  import time
5  import lzai
6  ll = ctypes.cdll.LoadLibrary
7  Lmst = ll("./libpycall.so")
8
9
```

图 3-26　编程界面窗口

3.2.3 示例程序

3.2.3.1 头灯闪烁

头舱 LED 亮 1 s、灭 1 s 闪烁,控制程序如图 3-27 所示。

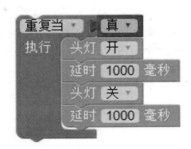

图 3-27 闪烁例程

程序解析:头灯功能模块有两种状态,可以通过下拉菜单进行选择(开或关);延时功能模块单位为毫秒(ms),需要输入延时时长,例如:延时 1000 ms,即延时 1 s;"重复当( )"为执行函数模块,需要加入逻辑值,通过判断逻辑值真假控制函数内程序执行与否,真则执行,假则不执行。

机器鱼在与电脑 Wi-Fi 连接状态下,单击"下载"并执行程序。

3.2.3.2 尾鳍推进

图 3-28 为尾鳍推进例程,图 3-29 为摆动方向调节例程,图 3-30 为摆动速度调节例程。

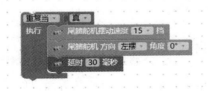 

单击方向调节尾鳍摆动方向

图 3-28 尾鳍推进例程   图 3-29 摆动方向调节例程

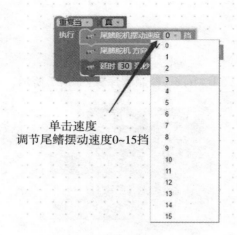

图 3-30　摆动速度调节例程

程序解析：尾鳍摆动前进程序可以设置尾鳍摆动速度（0～15）、尾鳍舵机方向（左右）、尾鳍方向（角度 0°～70°）。

注意：程序底部要加入 30 ms 延时，以防止程序卡死。

3.2.3.3　螺旋桨推进

图 3-31 为螺旋桨推进例程。

图 3-31　螺旋桨推进例程

程序解析：螺旋桨可以调节舵机的方向（0°～70°）与电机的转动方向、挡位（0～7），可以通过不同的组合来实现不同的推进效果。

4　单关节机器鱼程序编写与硬件接口

4.1　程序编写

4.1.1　编译环境搭建

(1)先安装所需要的开发环境(keil for arm),也就是 MDK(使用方法请自行从网络上搜索),然后安装资料包中的 STLINK 驱动。

(2)解压源码后使用 MDK 打开 lmst_node___\lmst_node_user\prj\STM32_FreeRTOS_User。

(3)选择工具栏的 Options for Target(见图 4-1)。

图 4-1　工具栏界面

(4)选择 User 选项卡,在 Run User Programs After Build/Rebuild 项中将着色部分修改为本机的 keil 安装目录。图 4-2 中的 keil 安装在 C 盘根目录下。

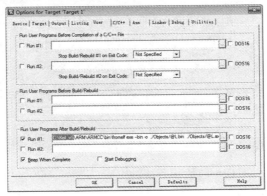

图 4-2　选项界面

（5）单击工具栏的 Build，进行编译（见图 4-3）。

图 4-3　编译界面

4.1.2　编译与烧录固件

KenFish 源代码将各舱体整合在一起，采用条件编译的方式生成不同舱体的固件。

（1）编译前要在 LM_Cudp_m3.h 中选择要编译的舱体（见图 4-4）。

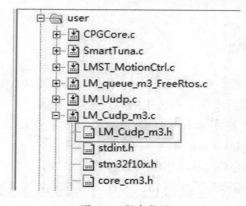

图 4-4　所在位置

```
#define LM_LOCAL_CAN_ADDRLMST_HEAD_NODE//选择舱体
//LMST_HEAD_NODE//头舱
//LMST_IS_NODE//红外传感舱
//LMST_HEAD_LOCAL_CTRL_NODE//自动控制头舱
//LMST_SERVO_MOTOR_NODE//螺旋桨舱
//LMST_SENSOR_NODE//传感器舱
//LMST_TAIL_NODE//尾舱
//LMST_DIVING_NODE//浮力舱
```

（2）编译完成后固件路径为 lmst_node___\lmst_node_user\prj\Objects\ STM32_FreeRTOS.bin。

接通 KenFish 电源,打开控制平台 kenfish. exe,连接 Wi-Fi(默认密码为 12345678)。在设置页面选择路径,导入编译好的固件,在节点中选择舱体,然后单击"更新"按钮(见图 4-5)。

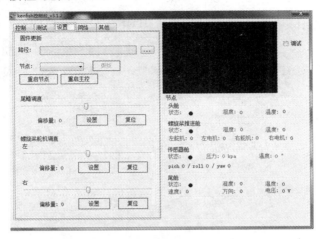

图 4-5 更新界面

4.1.3 代码解析

4.1.3.1 选择舱体节点与舱体初始化

主函数 Main 位于 User 文件夹下的 SmartTnua. c 文件中。

```
int main(void)
{
void ( * MainTask)(void * );
delay_ms(400);
//初始化各功能模块
YJ_InitSystem();
//根据不同的节点选择对应的线程任务函数
#if _LMST_NODE_TYPE == LMST_HEAD_NODE
MainTask = YJ_HeadNodeTask;                    //头舱
#elif _LMST_NODE_TYPE == LMST_HEAD_LOCAL_CTRL_NODE
```

```
MainTask = YJ_HeadNodeTask_LocalCtrl;    //头舱自动控制 demo
#elif _LMST_NODE_TYPE == LMST_TAIL_NODE
MainTask = YJ_TailNodeTask;              //摆动推进舱
#elif _LMST_NODE_TYPE == LMST_SERVO_MOTOR_NODE
MainTask = YJ_ServoMotorNodeTask;       //螺旋桨推进舱
#elif _LMST_NODE_TYPE == LMST_SENSOR_NODE
MainTask = YJ_SensorNodeTask;           //传感器舱
#elif _LMST_NODE_TYPE == LMST_DIVING_NODE
MainTask = YJ_DivingNodeTask;           //浮力舱
#elif _LMST_NODE_TYPE == LMST_IS_NODE
MainTask = YJ_IsNodeTask;
#endif

//启动节点主线程
xTaskCreate( MainTask, (signed portCHAR * ) "MainTask",
1024, NULL,
LMST_NODE_TASK_PRIORITY, NULL);
//打开 FreeRtos 任务调度器
vTaskStartScheduler();
return 0;
}
```

Main 函数首先定义一个函数指针 MainTask，然后调用 YJ_InitSystem()
函数对系统进行初始化。用条件编译的方式对 MainTask 进行赋值，起到选择
舱体的效果。最后创建任务函数并启动 freertos 任务调度器。

4.1.3.2 舱体主要功能函数解析

(1)单关节头舱。

头舱 API 函数：用户可以在 KenFish 头舱程序中通过调用 LM_API. c 包
含的 API 函数来控制 KenFish 各个舱体的动作，各函数的使用方法参考对应舱
体函数说明。

头舱 LED 控制函数如表 4-1 所示。

表 4-1　头舱 LED 控制函数

void LEDCtrl(uint8_t led)		
输入	范围	描述
led	0～1	0 表示关灯，1 表示开灯

示例：

```
//开灯
LEDCtrl(1);
```

读取头舱红外传感器数据函数如表 4-2 所示。

表 4-2　读取头舱红外传感器数据函数

unit16_t GetGP2Y0A60SZ0FData()		
输出	范围	描述
unit16_t data	0～4095	AD 采集值

示例：

```
//读取红外传感器数据并打印出来
mDEBUG("data=%d\r\n",GetGP2Y0A60SZ0FData());
```

读取头舱光敏数据函数如表 4-3 所示。

表 4-3　读取头舱光敏数据函数

unit16_t GetTEMT6000Data()		
输出	范围	描述
unit16_t data	0～4095	AD 采集值

示例：

```
//读取头舱光敏数据并打印出来
mDEBUG("data=%d\r\n",GetTEMT6000Data());
```

（2）单关节螺旋桨推进舱。

螺旋桨推进舱运动控制函数如表 4-4 所示。

表 4-4　螺旋桨推进舱运动控制函数

void ServoMotorCtrl(int32_t Servo_l, int32_t Motor_l, int32_t Servo_r, int32_t Motor_r)		
输出	范围	描述
Servo_l	0～14	左舱机方向
Motor_l	0～14	左螺旋桨转速
Servo_r	0～14	右舱机方向
Motor_l	0～14	右螺旋桨转速

示例：

```
//以 15 挡速度向前移动 5 s
ServoMotorCtrl(0,15,0,15);
vTaskDelay( xDelay_5s );
```

（3）传感器舱。

读取传感器舱数据函数如表 4-5 所示。

表 4-5　读取传感器舱数据函数

unit8_t GetSensorData(float data[5])		
输出	范围	描述
Data[5]	0～1	1 表示读取成功,0 表示读取失败

示例：

```
//读取 IMU 数据
float data[5];
GetSensorData(data);
```

（4）红外传感器舱。

读取红外传感器数据函数如表 4-6 所示。

表 4-6　读取红外传感器数据函数

uint8_t GetIsData(char data[8])		
输出	范围	描述
data[8]	0～1	1 表示读取成功, 0 表示读取失败

示例：

```
//读取红外传感器数据
float Isdata[8];
GetIsData(IsData);
```

（5）浮力舱。

读取浮力舱状态函数如表 4-7 所示。

表 4-7　读取浮力舱状态函数

uint8_t GetDivingData(float data[3])		
输出	范围	描述
data[3]	0～1	1 表示读取成功，0 表示读取失败

示例：

```
//读取浮力舱状态
float data[3];
GetDivingData(data);
```

浮力舱控制函数如表 4-8 所示。

表 4-8　浮力舱控制函数

void SetDivingState(int32_t DivingState)		
输出	范围	描述
DivingState	0～2	0 表示保持，1 表示吸水下潜，2 表示排水上升

示例：

```
//浮力舱吸水下潜 5 s
SetDivingState(1);//浮力舱吸水下潜
vTaskDelay( xDelay_5s );
```

（6）单关节尾舱。

尾舱运动控制函数如表 4-9 所示。

表 4-9　尾舱运动控制函数

void TailCtrl(int32_t speed，int32_t direct)		
输出	范围	描述
speed	0～15	尾鳍摆动速度
direct	0～14	尾鳍摆动方向

示例：

```
//以15挡速度向前移动5 s
TailCtrl(15，7)；
vTaskDelay( xDelay_5s )；
```

4.1.3.3　遥控函数解析

遥控器按键及其对应的动作如表 4-10 所示。

表 4-10　遥控器按键及其对应的动作

按键	动作
圆圈按键(2)	头舱开关灯
R1 按键(4)	螺旋桨推进舱舵机向上转
R2 按键(5)	螺旋桨推进舱舵机向下转
右摇杆(6)	螺旋桨推进舱电机
左摇杆(7)	尾舱尾鳍摆动

图 4-6 为按键标识。

图 4-6   按键标识

遥控器端 433M 发送模块配置：遥控器通过 MINI USB 线连接电脑 USB 接口，打开串口调试助手，波特率选择 9600 bps，打开串口，按住遥控器 Select 键然后按下 Start 键，遥控器 1 号灯亮绿色即进入调试模式。在该模式下可发送 AT 指令修改参数。设置完成后，按下 Start 键，退出设置状态，遥控器 1 号灯灭。

注意：发送端和接收端各参数需保持一致才能互相通信。

KenFish 端 433M 接收模块配置：遥控器接收模块配置函数如表 4-11 所示。

表 4-11   遥控器接收模块配置函数

void Set433（char ＊ AT）		
输出	范围	描述
AT		AT 指令

示例：

```
//更改无线通信的频道
Set433（"AT＋C021"）；
```

AT 指令用来设置模块的参数和切换模块的功能,设置后需退出设置状态才生效,即将引脚 SET 设置为高电平。同时,参数和功能的修改在掉电时不会丢失。

　　(1)进入 AT 指令的方式:正常使用(已经上电)中,把引脚 SET 设置为低电平。

　　(2)默认参数:串口波特率为 9600 bps,通信频道为 C001,串口透传模式为 FU3。

　　(3)AT 指令介绍如下:

　　测试通信如表 4-12 所示。

表 4-12　测试通信

指令	响应	说明
AT	OK	测试

　　更改串口波特率指令如表 4-13 所示。

表 4-13　更改串口波特率指令

指令	响应	说明
AT+Bxxxx	OK+Bxxxx	用 AT 指令设好波特率后,下次上电使用不需要设置,可以掉电保存波特率

　　更改串口波特率指令时,可设置波特率为 1200 bps、2400 bps、4800 bps、9600 bps、19200 bps、8400 bps、57600 bps 和 115200 bps,默认为 9600 bps。

　　示例:设置模块串口波特率为 19200 bps,发给模块指令“AT+B19200”,模块返回“OK+B19200”。

　　更改无线通信的频道如表 4-14 所示。

表 4-14　更改无线通信的频道

指令	响应
AT+Cxxx	OKsetname

　　更改无线通信的频道时,001~127 可选(超过 100 以后,无线频道的通信距离不作保证)。无线频道默认值为 001,工作频率为 433.4 MHz。频道的步进

是 400 kHz,频道 100 的工作频率为 473.0 MHz。

示例:设置模块工作在频道 21,发给模块指令"AT+C021",模块返回"OK+C021"。退出指令模式后,模块工作在第 21 通道,工作频率为 441.4 MHz。

注意:由于模块的无线接收灵敏度比较高,当串口波特率大于 9600 bps 时,必须要错开 5 个相邻频道来使用。当串口波特率不大于 9600 bps 时,如果短距离(10 m 以内)通信,也需要错开 5 个相邻频道来使用。

更改模块串口透传模式如表 4-15 所示。

表 4-15　更改模块串口透传模式

指令	响应	说明
AT+FUx	OK+FUx	可选 FU1、FU2、FU3 和 FU4 四种模式

模块默认模式是 FU3,两模块的串口透传模式必须设置为一样才能正常通信。详细介绍请查看无线串口透传部分。

示例:发给模块指令"AT+FU1",模块返回"OK+FU1"。

设置模块的发射功率等级如表 4-16 所示。

表 4-16　设置模块的发射功率等级

指令	响应
AT+Px	OK+Px

设置模块的发射功率等级,x 可取 1~8,对应模块的发射功率如表 4-17 所示。

表 4-17　对应模块的发射功率

x 值	1	2	3	4	5	6	7	8
模块发射功率(dBm)	−1	2	5	8	11	14	17	20

出厂默认设置为 8,发射功率最大,通信距离最远。发射功率等级设置为 1,发射功率最小。一般来说,发射功率每下降 6 dBm,通信距离会减少一半。

示例:发给模块指令"AT+P5",模块返回"OK+P5"。退出指令模式后,模块发射功率为+11 dBm。

获取模块的单项参数如表 4-18 所示。

表 4-18 获取模块的单项参数

指令	响应	参数
AT+Ry	OK+（y 所指定的参数）	y 为 B、C、F、P 中的任一字母，分别表示波特率、通信频道、串口透传模式、发射功率

示例：

发给模块指令"AT+RB"，如果模块返回"OK+B9600"，则查询到模块的串口波特率为 9600 bps。

发给模块指令"AT+RC"，如果模块返回"OK+RC001"，则查询到模块的通信频道为 001。

发给模块指令"AT+RF"，如果模块返回"OK+FU3"，则查询到模块工作在串口透传模式 3。

发给模块指令"AT+RP"，如果模块返回"OK+RP：+20 dBm"，则查询到模块的发射功率为+20 dBm。

获取模块的所有参数如表 4-19 所示。

表 4-19 获取模块的所有参数

指令	说明
AT+RX	依次返回当前模块的串口透传模式、串口波特率、通信频道、发射功率等信息

示例：

发给模块指令"AT+RX"，

模块返回"OK+FU3

OK+B9600

OK+C001

OK+RP：+20 dBm"。

设置睡眠模式如表 4-20 所示。

表 4-20   设置睡眠模式

指令	响应	说明
AT+SLEEP	OK+SLEEP	收到指令后,模块在退出 AT 指令时进入睡眠模式,工作电流约 22 μA,此时模块不能进行串口数据传输。再次进入 AT 设置状态则自动退出睡眠模式

示例:

　　当不用无线传输数据时,为了节约电量,发给模块指令"AT＋SLEEP",模块返回"OK＋SLEEP"。

将串口波特率、通信频道、串口透传模式恢复出厂默认值如表 4-21 所示。

表 4-21   将串口波特率、通信频道、串口透传模式恢复出厂默认值

指令	响应	说明
AT+DEFAULT	OK+DEFAULT	将串口波特率、通信频道、串口透传模式恢复成出厂默认值

示例:

　　发给模块指令"AT＋DEFAULT",模块返回"OK＋DEFAULT",恢复出厂默认值。串口波特率为 9600 bps,通信频道为 C001,串口透传模式为 FU3。

注意:使用 MCU 动态修改模块参数时,将引脚 SET 设置为低电平后,需等待 40 ms 后才能给模块发送 AT 指令;将引脚 SET 设置为高电平后,需等待 80 ms 后才会进入串口透传模式。

4.1.4　调试

在程序中,调用 mDEBUG 函数和 mERR 函数可在 Kenfish 控制台的调试功能中实现,使用方法和 printf 函数一样。在控制台程序里勾选"调试",会弹出调试信息窗口,其中蓝色字体为心跳信息,绿色字体为 mDEBUG 函数打印的

信息,红色字体为 mERR 函数打印的信息(见图 4-7)。

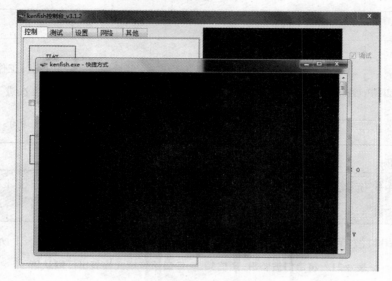

图 4-7　信息界面

4.1.5　自定义舱体

KenFish 允许用户添加自定义舱体。这可以通过以下步骤实现:分配 CAN 节点→烧录 BOOTLOADER→更新 App 代码→控制台添加节点及其功能。

现以将浮力舱节点 0x30 修改成扩展舱节点 0x60 为例进行说明。

(1)用 MDK 打开 lmst_node___ \workspace\ LMST_Node,选择相应工程(见图 4-8)。

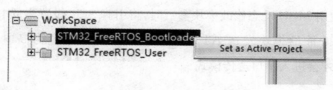

图 4-8　工程选择

(2)打开 LM_Cudp_m3. h(见图 4-9)。

图 4-9　位置信息

(3)添加扩展舱节点 LMST_EX_NODE(见图 4-10)。

```
#define    LM_LOCAL_CAN_ADDR        LMST_EX_NODE
                                    //选择舱体
                                    //LMST_HEAD_NODE//头舱
                                    //LMST_IS_NODE//红外传感舱
                                    //LMST_HEAD_LOCAL_CTRL_NODE//自动控
                                    //LMST_SERVO_MOTOR_NODE//螺旋桨舱
                                    //LMST_SENSOR_NODE//传感器舱
                                    //LMST_TAIL_NODE//尾舱
                                    //LMST_DIVING_NODE//浮力舱
                                    //LMST_EX_NODE//扩展舱
```

图 4-10　添加节点

(4)追踪节点定义转到 StmartTuna. h(见图 4-11)。

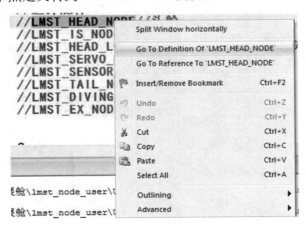

图 4-11　追踪定义

（5）添加 LMST_EX_NODE 定义（见图 4-12）。

```
#define  LMST_HEAD_NODE                    0xe0
#define  LMST_TAIL_NODE                    0xf0
#define  LMST_SERVO_MOTOR_NODE             0x10
#define  LMST_SENSOR_NODE                  0x20
#define  LMST_HEAD_LOCAL_CTRL_NODE         0xe1
#define  LMST_DIVING_NODE                  0x30
#define  LMST_IS_NODE                      0x50
#define  LMST_EX_NODE                      0x60
```

图 4-12　添加定义

（6）双击"StmartTuna. c"（见图 4-13）。

图 4-13　位置信息

（7）添加扩展舱主任务函数（见图 4-14）。

```
#elif _LMST_NODE_TYPE == LMST_EX_NODE//扩展舱
MainTask = YJ_DivingNodeTask;
```

图 4-14　添加函数

（8）追踪初始化函数 YJ_InitSystem 转到 LMST_NodeCommon. c（见图 4-15）。

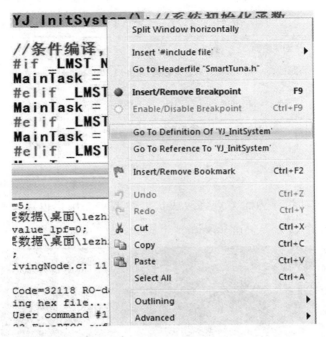

图 4-15　操作截图

（9）添加扩展舱初始化代码（见图 4-16）。

```
#elif _LMST_NODE_TYPE == LMST_EX_NODE//扩展舱
YJ_IwdgInit();
g_SysClockCore      = YJ_SysClockInit();
g_CudpCore          = YJ_CudpInit();
g_BtldCore          = YJ_BtldInit();
g_ButdCore          = YJ_ButdInit();
```

图 4-16　添加代码

（10）编译后使用 SWD 烧录（需拆机）。

（11）转到 USER 工程（见图 4-17）。

图 4-17　转到 USER 工程

（12）参照步骤（2）～（9）修改 USER 工程节点。

（13）打开控制台，选择固件路径，选择扩展舱节点，单击"更新"按钮（见图
4-18）。

图 4-18　选择更新

至此，已成功将浮力舱节点修改成扩展舱节点。用户也可以自定义节点，
在控制台代码的 LMST_AppLayer.cs 下添加（见图 4-19 和图 4-20）。

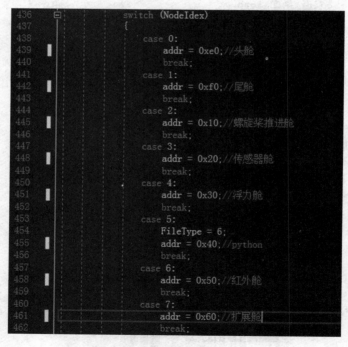

图 4-19　添加成功

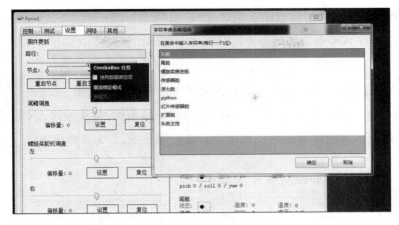

图 4-20 界面显示

4.2 硬件接口

4.2.1 头舱控制板

头舱控制板如图 4-21 所示。

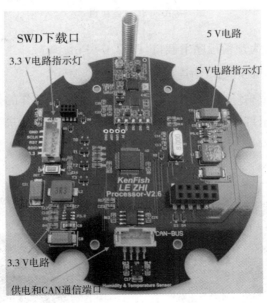

图 4-21 头舱控制板

SWD 下载口为预留程序下载口,PH2.0-5Pin。

供电和 CAN 通信端口为连接端口,PH2.0-4Pin。

3.3 V 电路指示灯可以作为 3.3 V 电路是否正常工作的指示。

5 V 电路指示灯可以作为 5 V 电路是否正常工作的指示。

供电和 CAN 通信端口有 1 个,用于连接后端舱体,将头舱接入 CAN 总线,用于头舱向后端舱体发送指令和接收后端舱体数据,并为头舱供电。

4.2.2 STM32 核心控制板

STM32 核心控制板的正面如图 4-22 所示,背面如图 4-23 所示。

图 4-22 正面图

SWD 下载口为预留程序下载口,PH2.0-5Pin。

供电和 CAN 通信端口为连接端口,PH2.0-4Pin。

3.3 V 电路指示灯可以作为 3.3 V 电路是否正常工作的指示。

5 V 电路指示灯可以作为 5 V 电路是否正常工作的指示。

图 4-23 背面图

供电和 CAN 通信端口有 2 个,是完全相同的,分别用于连接前后舱体,将 STM32 控制板接入 CAN 总线,并为 STM32 核心控制板供电。

4.2.3 螺旋桨舱控制板

螺旋桨舱控制板正面如图 4-24 所示,背面如图 4-25 所示。舵机接口为 1.25 mm。

图 4-24 正面图

图 4-25 背面图

4.2.4 传感器舱控制板

传感器舱控制板如图 4-26 所示。

图 4-26 传感器舱控制板

4.2.5 尾舱控制板

尾舱控制板的正面如图 4-27 所示,背面如图 4-28 所示。

图 4-27 正面图

图 4-28 背面图

若经过尾舱控制板的整体电流超过 3 A,则 3 A 自恢复保险管会启动保护,使电路断路,避免电路过流,等待几秒钟后可自行恢复。若需要允许更大的电流经过,则需要去掉 3 A 自恢复保险管,换上允许更大电流的自恢复保险管或用导线代替(配套锂电池的最大电流为 5 A)。电池接线端口出厂时会焊接上 JST 硅胶线,连接电池或接入其他电源时,需要确保接线正确,避免电流反向烧毁电路。

5　单关节机器鱼比赛项目规则

本章主要介绍国际水中机器人大赛单关节机器鱼的相关项目规则(2019版),以供学习参考(具体详细比赛规则以当年官方网站公布的为准)。

5.1　场地设备及赛前准备

5.1.1　基本比赛场地

工程项目组比赛场地有两种,分别为标准 3 m×2 m×0.36 m 长方形水池、3 m×2 m×0.6 m 长方形水池,水面高度分别为 26 cm、46 cm,分别对应浅水与深水项目(见图 5-1 和图 5-2)。比赛场地由组委会统一提供。

图 5-1　工程项目组比赛场地示意图

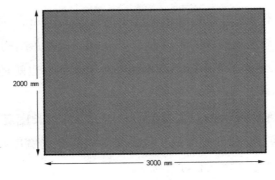

图 5-2　工程项目组比赛场地平面尺寸

比赛过程中,场地周围 1.5 m 范围内除裁判及两名参赛队员外不得有其他人员围观。除比赛相关设备和参赛机器人(以下简称"机器鱼")外,比赛场地中不得放入其他任何与比赛无关的设施(物品)等干扰物。场地附近机器鱼存放于货架或台面。

5.1.2　管道

比赛用管道为直径 75 mm 的白色 PVC 管道,拐角处使用标准 90°PVC 管连接拐角。比赛用管道由组委会统一提供。

5.1.3　区域分界线

使用黑色胶带作为比赛场地分界线,用于标定起点区和终点区。

5.1.4　计算机

比赛现场不提供专用计算机,如需效果展示、远程控制启动等,可自带便携式笔记本计算机。

5.1.5　参赛方

5.1.5.1　机器鱼

比赛所用机器鱼需要基于水下机器人创新平台进行组装和改造。为确保比赛公平,本届比赛单关节必须为 Smart tuna 或单关节基础版、创新版,电压不得高于 12 V 且不得使用升压装置。

机器鱼长度不得超过 500 mm,宽度不得超过 300 mm。放于水中时,机器鱼结构的最低点与水池底部的距离大于 75 mm。机器鱼结构的最低点与管道顶部的距离:浅水组不小于 5 mm;深水组不小于 5 mm(也就是说不允许机器鱼卡管运行)。

说明:机器鱼放入水中,以机器鱼游动前进方向的长度定义为机器鱼的长度,以水平面内垂直于长度方向的长度定义为机器鱼的宽度,垂直于水平面方向的机器鱼的长度定义为机器鱼的高度。

机器鱼必须保证没有任何尖锐结构会触碰到水池。

参赛队伍机器鱼需通过赛会技术委员会检测和批准,符合标准者方可参赛,最终解释权归大赛组委会。

5.1.5.2 参赛队伍

各参赛队伍由最多2名指导教师和4名队员组成(其中一名为队长)。比赛开始,机器鱼启动后,队长和队员禁止接触比赛中的机器鱼。

5.1.6 裁判

5.1.6.1 裁判遴选

裁判由组委会指定并予以监督,每场比赛设主裁1人、副裁2人。主裁负责控制整个比赛,副裁负责一些辅助任务以帮助主裁使比赛顺利进行。

5.1.6.2 主裁职责

赛前宣布比赛规则,检查场地设置,复查参赛队伍的机器鱼是否符合规定,并指导副裁及志愿者引导非本场队员及其他无关人员离开竞赛区域,开赛前应远离竞赛场3 m以上,开赛后第一次非本场参赛队员靠近场地,做警告并降低排名处理,第二次做直接取消参赛资格处理。主裁有权决定是否将违规记录在网上公布并通报批评。

(1)宣布开始、重新开始比赛,暂停、继续、结束比赛,宣布比赛结果。

(2)根据比赛规则判断机器鱼是否犯规,并对犯规机器鱼进行处罚。

(3)记录比赛成绩。

(4)比赛开始后,在任何情况下发现参赛者远程遥控机器鱼,判罚违规者输掉比赛。如果发现非本场队员试图(以计算机或其他电子设备)干扰正常竞赛行为的,第一次做警告并降低排名处理,第二次做直接取消参赛资格处理。主裁有权决定是否将违规记录在网上公布并通报批评。

(5)比赛开始后,禁止参赛队员接触比赛中的机器鱼。

(6)如果赛前出现机械或其他故障,参赛队伍可以向主裁提出申请,由主裁裁决中断或继续比赛。

(7)在比赛期间,主裁享有最终裁定权。如果队员对裁决有争论,给予黄牌警告;如果争论不止,则给予红牌,取消其比赛资格。

(8)比赛结束时公布该场次成绩。如果有计分争议,异议者须现场提供证据向赛事仲裁处申请仲裁,无证据者,一律以裁判记分册为准。无异议后,参赛队派一名队员在计分册上签字确认。组委会不接受确认成绩后的赛事投诉。

(9)对比赛过程提出异议且无法在 15 min 内提供有效证据的,故意扰乱正常竞赛秩序要求重赛或加赛的,取消本次竞赛资格。

5.1.6.3 副裁职责

(1)维护比赛秩序。

(2)禁止比赛无关人员进入比赛场地。

(3)根据主裁指令拿出或放入机器鱼。

5.1.7 机器鱼控制平台

该竞赛项目属于非对抗类比赛项目,起始控制指令由裁判发出,开始比赛后不允许使用其他平台进行控制。比赛控制平台由大赛组委会提供。

5.1.8 机器鱼编程及改装说明

5.1.8.1 结构改装要求

本赛项允许对机器鱼进行结构改装,改装要求需满足:

(1)机器鱼的长、宽、高尺寸符合规定。

(2)机器鱼在比赛过程中不能依靠物理接触管道方式寻迹。

(3)机器鱼改装后的结构件尖锐处需做好防护,以防损害比赛专用水池。

5.1.8.2 编程要求

本赛项需要进行底层软件编程,要求使用水下机器鱼创新平台自带的 ATmage128 芯片、STM32 芯片、WRTnode 等主板进行程序开发。程序基于组委会提供的最新版基础程序进行拓展编程。

5.1.9 赛前准备

为确保机器鱼符合比赛要求,大赛检录前由裁判长检查各参赛队伍的机器鱼。

检录后,所有参赛机器鱼上交裁判组拍照、记录、留存底案,在竞赛委员会安排的货架或台面上统一保管。

比赛期间机器鱼若有修改,修改后的机器鱼必须再次接受检查。

比赛前组织方必须公布比赛赛程,并为每个参赛队伍提供调试的时间。

赛会应尽量安排在比赛前至少有 30 min 的调试时间。

5.1.10　参赛须知

(1)检录或比赛时未按规定时间到达检录地点或竞赛场地的参赛队伍,视为迟到。参赛队伍迟到 5 min 及以上者,取消参赛资格。

(2)严禁使用任何方式对机器鱼进行无线运动操控,一经发现取消参赛成绩。

(3)机器鱼改装不符合要求,取消参赛资格。

(4)比赛开始前需登记机器鱼报点方式。

(5)机器鱼在比赛过程中偏离管道,比赛结束。

(6)机器鱼出发后只准一名队员跟随。

(7)严禁使用手机闪光灯、手电筒等非机器鱼自带光源作为引导,严禁为机器鱼循迹使用任何遮光措施。

5.2　输油管巡检技术挑战赛(浅水)

5.2.1　比赛项目场地设置

用直径 75 mm 的白色 PVC 管铺设模拟输油管线。PVC 管铺入水池底部,如图 5-3 所示。用直径 3 cm 的圆形实心黑色标记表示漏油处,共设置 8 个漏油处,随机分布在输油管正上方。场地图标识起点和终点所处的虚线方框内部分别为起点区和终点区,起点区和终点区用黑色胶带标记规划范围。

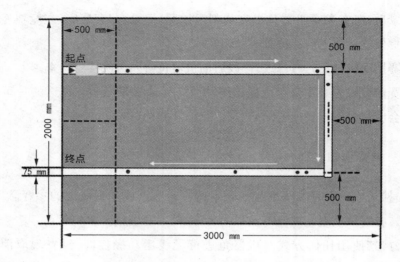

图 5-3　输油管巡检技术挑战赛(浅水)场地图

5.2.2　比赛内容

　　输油管巡检技术挑战赛(浅水)是水中机器人面向工程应用方向的非对抗性技术挑战比赛。比赛使用基于水下机器人创新平台而搭建的水下输油管检测机器鱼,能够激发学生对工程应用机器鱼的兴趣,提高学生在机器人结构、电路、软件等方面的知识技术水平。参赛队伍各派一条由水下机器人创新平台搭建的单关节尾鳍摆动推进方式的机器鱼参加比赛。

5.2.3　比赛过程

　　比赛开始前机器鱼位于起点分隔线框内,不得超过分隔线。裁判吹哨示意比赛开始,启动机器鱼,当机器鱼头部最前端抵达分隔线,比赛计时开始,启动后不允许再对机器鱼进行任何操作。

　　机器鱼沿着输油管线按照白色箭头指示方向游动,不得偏离管线。从正上方观察,若机器鱼在水平面上的投影与管线在水平面上的投影没有重叠则比赛结束,按此时成绩计分。

　　机器鱼在游动的同时检测管线上标记的漏油处,检测到漏油处时,通过一定的效果明显的方式现场告知裁判及观众。此方式可以是声音、光、回传计算机数据等。

机器鱼全身进入终点区比赛结束。

5.2.4 比赛时间

比赛时间为100 s,100 s内仍未到达终点区则比赛结束,比赛过程中不得暂停。机器鱼抵达终点后,继续由裁判组统一保管。比赛分为两轮进行,两轮之间不设置调试时间,取两轮竞赛得分的最高分为参赛队伍的竞赛得分。

5.2.5 竞赛计分

竞赛计分由漏油检测分、完成比赛分和计时分三部分组成。

漏油检测分:正确检测到一个漏油处加10分。正确检测要求从正上方观测到机器鱼与漏油处有重合,并且同时以明确、明显的方式报告检测到漏油处。机器鱼在未遇到漏油处时有报告则为误报,扣10分。满分80分。

完成比赛分:在100 s内,机器鱼不偏离管线(判断标准以比赛过程描述为准)到达终点处完成比赛,加20分。

计时分:在100 s内完成比赛,比赛用时为T,获得$(100-T)/2$分。

上述三项分数之和就是参赛队伍的竞赛计分。

5.2.6 答辩计分

受赛程时间限制,选取竞赛计分排名前五的队伍进入公开答辩环节,欢迎所有队伍旁听。

答辩环节的专家评委由大赛组委会邀请的国内知名机器人竞赛专家组成。专家根据作品的创新性、实用性、难度性等方面,对入围机器鱼打分。该环节总分为60分。竞赛前五的技术答辩文件将向所有人员公开。如答辩过程中发现不端行为(如作品并非队员自己制作等),该队成绩将为所有参赛队伍的末位。

各部分分值分配如下:

创新性:20分,设计理念的原创程度和新颖性;

实用性:20分,实际应用的可操作性;

难度性:20 分,设计工作量的大小与难度。

评分表如表 5-1 所示。

表 5-1　输油管巡检技术挑战赛(浅水)答辩评分表

参赛单位		队伍名称	
创新性			
实用性			
难度性			
总得分	创新性(20 分)	实用性(20 分)	难度性(20 分)
意见及建议			
评委专家签字:			

5.2.7　比赛名次

竞赛计分排名前五的队伍,比赛名次由组委会综合考虑竞赛计分与答辩计分两项来决定具体的排名(竞赛计分为主、答辩计分为辅,具体比例在赛前由领队集体决定)。竞赛计分排名在第六名之后(含)的队伍,比赛名次由竞赛计分的高低决定。

5.3　输油管巡检技术挑战赛(深水)

5.3.1　比赛项目场地设置

用直径 75 mm 的白色 PVC 管铺设模拟输油管线。PVC 管铺入水池底部,如图 5-4 和图 5-5 所示。用直径 1～3 cm 的圆形实心黑色标记表示漏油处,共设置 10 个漏油处,随机分布在输油管线各处,可以位于管道横截面的任意位置。场地图标识起点和终点所处的虚线方框内部分别为起点区和终点区,起点区和终点区用黑色胶带标记规划范围。

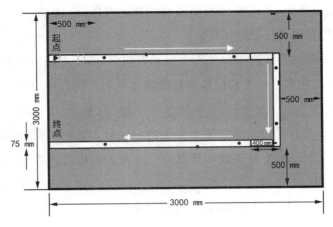

图 5-4　输油管巡检技术挑战赛(深水)场地图

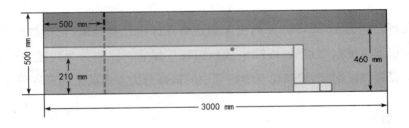

图 5-5　输油管巡检技术挑战赛(深水)场地侧视图

5.3.2　比赛内容

输油管检测技术挑战赛(深水)是面向机器鱼实际应用方向的非对抗性技术挑战比赛。比赛使用基于水下机器人创新平台基础版而搭建的水下输油管检测机器鱼,赛项的设置是对机器人工程项目的模拟应用,能够激发学生对机器人的兴趣,提高学生在机器人结构、电路、软件等方面的知识技术水平。参赛队各派一条由水下机器人创新平台基础版搭建的单关节摆动推动机器鱼参加比赛。

5.3.3　比赛过程

比赛开始前机器鱼位于起点分隔线框内,不得超过分隔线。裁判吹哨示意比赛开始,启动机器鱼,当机器鱼头部最前端抵达分隔线,比赛计时开始,启动后不允许再对机器鱼进行任何操作。

机器鱼沿着输油管线按照白色箭头指示方向游动,不得偏离管线。从正上方观察,若机器鱼在水平面上的投影与管线在水平面上的投影没有重叠则比赛停止,计时结束。

机器鱼在游动的同时检测管线上标记的漏油处,检测到漏油处时,通过一定的效果明显的方式现场告知裁判及观众。此方式可以是声音、光、回传计算机数据等。

机器鱼全身进入终点区比赛结束,计时停止。

5.3.4 比赛时间

比赛时间为 100 s,100 s 内仍未到达终点区则比赛结束,比赛过程中不得暂停。机器鱼抵达终点后,继续由裁判组统一保管。比赛分为两轮进行,两轮之间不设置调试时间,取两轮竞赛得分中的最高分为参赛队伍的竞赛得分。

5.3.5 竞赛计分

竞赛计分由漏油检测分、完成比赛分和计时分三部分组成。

漏油检测分:正确检测到一个漏油处加 10 分。正确检测要求从正上方观测到机器鱼与漏油处有重合,并且同时以明确、明显的方式报告检测到漏油处。机器鱼在未遇到漏油处时有报告则为误报,扣 10 分。满分 100 分。

完成比赛分:在 100 s 内,机器鱼不偏离管线(判断标准以比赛过程描述为准)到达终点处完成比赛,加 20 分。

计时分:在 100 s 内完成比赛,比赛用时为 T,获得 $(100-T)/2$ 分。

上述三项分数之和就是参赛队伍的竞赛计分。

5.3.6 答辩计分

受赛程时间限制,选取竞赛计分排名前五的队伍进入公开答辩环节,欢迎所有队伍旁听。

答辩环节的专家评委由大赛组委会邀请的国内知名机器人竞赛专家组成。专家根据作品的创新性、实用性、难度性、独特性等方面，对入围机器鱼打分。该环节总分为 80 分。竞赛前五的技术答辩文件将向所有人员公开。如答辩过程中发现不端行为(如作品并非队员自己制作等)，该队成绩将为所有参赛队伍的末位。

各部分分值分配如下：

创新性：20 分，设计理念的原创程度和新颖性；

实用性：20 分，实际应用的可操作性；

难度性：20 分，设计工作量的大小与难度；

独特性：20 分，关键技术、主要技术指标等方面。

评分表如表 5-2 所示。

表 5-2　输油管巡检技术挑战赛(深水)答辩评分表

参赛单位		队伍名称		
创新性				
实用性				
难度性				
独特性				
总得分	创新性(20 分)	实用性(20 分)	难度性(20 分)	独特性(20 分)
意见及建议				
评委专家签字：				

5.3.7　比赛名次

竞赛计分排名前五的队伍，比赛名次由组委会综合考虑竞赛计分与答辩计分两项来决定前五名的具体排名(竞赛计分为主、答辩计分为辅，具体比例在赛前由领队集体决定)。竞赛计分排名在第六名之后(含)的队伍，比赛名次由竞赛计分的高低决定。

5.4 输油管道综合巡检

5.4.1 比赛项目场地设置

用直径 75 mm 的白色 PVC 管铺设模拟输油管线,PVC 管铺入水池底部,如图 5-6 和图 5-7 所示。用直径 1~3 cm 的圆形实心黑色标记表示漏油处,共设置 10 个漏油处,随机分布在输油管线各处,可以位于管道横截面的任意位置。

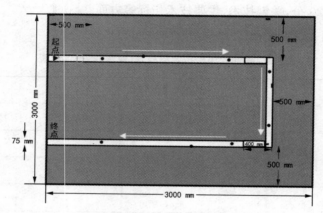

图 5-6 输油管道综合巡检场地图

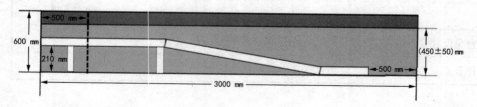

图 5-7 输油管道综合巡检场地侧视图

铺设的模拟输油管线分两个部分:浅水区管道、深水区管道。浅水区管道经由一个一定斜度的下坡(下坡长度及角度现场公布,坡道长度不超过 200 cm)到深水区管道,在坡道上只有管道的正上方标有漏油处。

(1)机器鱼在进行比赛时,不允许采用与管道接触的形式巡管。

(2)机器鱼在进行比赛时,本项目仅允许在坡道时与管道发生部分接触。

场地图标识起点和终点所处的虚线方框内部分别为起点区和终点区,起点区和终点区用黑色胶带标记规划范围。

5.4.2 比赛内容

输油管综合巡检测赛是面向机器鱼实际应用方向的非对抗性技术挑战比赛。比赛使用基于水下机器人创新平台基础版而搭建的水下输油管检测机器鱼。赛项的设置是对机器人工程项目的模拟应用,能够激发学生对机器人的兴趣,提高学生在机器人结构、电路、软件等方面的知识技术水平。参赛队各派一条由水下机器人创新平台基础版搭建的机器鱼参加比赛,机器鱼可以基于螺旋桨、仿生或综合推进的方式进行改装。

5.4.3 比赛过程

比赛开始前机器鱼位于起点分隔线框内,不得超过分隔线。裁判吹哨示意比赛开始,启动机器鱼,当机器鱼头部最前端抵达分隔线,比赛计时开始,启动后不允许再对机器鱼进行任何操作。

机器鱼沿着输油管线按照白色箭头指示方向游动,不得偏离管线。从正上方观察,若机器鱼在水平面上的投影与管线在水平面上的投影没有重叠则比赛停止,计时结束。

机器鱼在游动的同时检测管线上标记的漏油处,检测到漏油处时,通过一定的效果明显的方式现场告知裁判及观众。此方式可以是声音、光、回传计算机数据等。

机器鱼全身进入终点区比赛结束,计时停止。

5.4.4 比赛时间

比赛时间为 150 s,150 s 内仍未到达终点区则比赛结束,比赛过程中不得暂停。机器鱼抵达终点后,继续由裁判组统一保管。比赛分为两轮进行,两轮之间不设置调试时间,取两轮竞赛得分中的最高分为参赛队伍的最终竞赛得分。

5.4.5　竞赛计分

竞赛计分由漏油检测分、完成比赛分和计时分三部分组成。

漏油检测分:每正确检测到一个漏油处加 10 分,满分 100 分。正确检测要求从正上方观测机器鱼与漏油处有重合,并且同时以明显的方式报告检测到漏油处。机器鱼在未遇到漏油处时有报告则为误报,每误报 1 次扣 10 分。

完成比赛分:在 150 s 内,机器鱼不偏离管线并到达终点加 20 分。

计时分:在 150 s 内完成比赛,比赛用时为 T,获得 $(150-T)/2$ 分。

上述三项分数之和就是参赛队伍的竞赛得分。

5.4.6　答辩计分

受赛程时间限制,选取竞赛计分排名前五的队伍进入公开答辩环节,欢迎所有队伍旁听。

答辩环节的专家评委由大赛组委会邀请的国内知名机器人竞赛专家组成。专家根据作品的创新性、实用性、难度性、独特性等方面,对入围机器鱼打分。该环节总分为 80 分。竞赛前五的技术答辩文件将向所有人员公开。如答辩过程中发现不端行为(如作品并非队员自己制作等),该队成绩将为所有参赛队伍的末位。

各部分分值分配如下:

创新性:20 分,设计理念的原创程度和新颖性;

实用性:20 分,实际应用的可操作性;

难度性:20 分,设计工作量的大小与难度;

独特性:20 分,关键技术、主要技术指标等方面。

评分表如表 5-3 所示。

表 5-3 输油管综合巡检答辩评分表

参赛单位		队伍名称			
创新性					
实用性					
难度性					
独特性					
总得分	创新性(20 分)	实用性(20 分)	难度性(20 分)	独特性(20 分)	
意见及建议					
评委专家签字:					

5.4.7 比赛名次

竞赛计分排名前五的队伍,比赛名次由组委会综合考虑竞赛计分与答辩计分两项来决定前五名的具体排名(竞赛计分为主、答辩计分为辅,具体比例在赛前由领队集体决定)。竞赛计分排名在第六名之后(含)的队伍,比赛名次由竞赛计分的高低决定。

5.5 水中机器人协同竞技

5.5.1 竞赛环境

(1)建议环境:KenFish 图形化编程平台。

(2)编程计算机:选手自带。

(3)现场编程:小组现场编程,不允许组间及与场外交流,一经发现取消参赛资格。

5.5.2 竞赛场地

图 5-8 仅为示意图,实际场地以比赛现场公布为准。

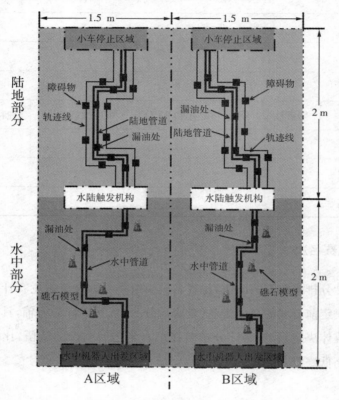

图 5-8 水中机器人协同竞技场地示意图

(1)场地尺寸:长 400 cm,宽 300 cm。其中水池部分长 300 cm,宽 200 cm。

(2)场地:以组委会提供的标准场地为准,其中水池场地四周为铝型材,可以安装水陆触发装置。

(3)石油管道:直径 75 mm 的白色 PVC 管,水中部分紧贴水池底面铺设,陆地部分紧贴陆地地面铺设。

水中和陆地的石油管道均有两种规格的弯道模式:45°弯道模式、90°弯道模式。所铺设的石油管道形状在比赛现场公布。

(4)水池水深:26 cm。

(5)起点为 A、B 区域水中机器人出发区域;终点为 A、B 区域小车停止区域。

(6)漏油点:

①直径 3 cm 的圆环,黑色不反光,随机分布在管道一圈,摆放位置在比赛现场公布。

②3 cm×3 cm 的正方形,黑色不反光,随机分布在管道上方,具体位置在比赛现场公布。

③3 cm×3 cm 的正方形,其他标准颜色(包括但不限于红色、黄色、蓝色、绿色)不反光,随机分布在管道上方,具体颜色和位置在比赛现场公布。

(7)礁石:随机摆放在水中管道两侧,距离直管道 10 cm 处,距离转弯 15 cm 处。礁石放置位置在比赛现场公布,形状如图 5-9 所示。

图 5-9 礁石模型示意图

(8)障碍物:3 cm×3 cm×3 cm,随机放置在陆地小车循线的道路上。障碍物放置位置在比赛现场公布,形状如图 5-10 所示。

图 5-10 障碍物模型示意图

(9)轨迹线:轨迹线在管道两侧都有设置,参赛队伍可在 A 或 B 区域选择一条轨迹线进行循迹。具体轨迹线分布在比赛现场公布。

5.5.3 竞赛规则

5.5.3.1 机器人要求

(1)水中机器人。比赛所用水中机器人必须基于 KenFish 单关节进行组装和改装。改装后的水中机器人长度不得超过 50 cm,宽度不得超过 30 cm,并且水中机器人置于水中时,其结构的最低点与水池底部的距离不小于 75 mm。

水中机器人长度定义:水中机器人放入水中,其游动前进的方向为水中机器人长度的测量方向,所测即为水中机器人长度。

水中机器人宽度定义:在水平面内,垂直于水中机器人长度的方向为水中机器人宽度的测量方向,所测即为水中机器人宽度。

水中机器人距离水池底部最低高度定义:水中机器人置于水中时,在竖直平面内,垂直于水中机器人长度的方向,水中机器人结构的最低点与水池底部的距离即为水中机器人距离水池底部最低高度。

(2)陆地小车。比赛所用陆地小车需要根据比赛需要自行组装,如通过添加传感器识别管道上的漏油点。

5.5.3.2 竞赛任务

(1)设计 2 台机器人:1 台水中机器人,1 台陆地小车。

(2)水中机器人从管道起点出发,沿管道行走,遇到漏油点进行识别,并执行修复动作(修复动作自行设定,如点亮 LED 进行提醒或控制舵机等,但不限于上述动作),然后继续前进;遇到弯道时,水中机器人应该调整姿态通过弯道,然后继续前进;水中部分放置礁石模型若干,设置漏油点和弯道若干(机器人需要具备转弯循管道能力),水中机器人在游动和转弯时应避免碰撞到礁石模型,最终水中机器人在水中管道末端触动触发机构,完成水中循检任务。

(3)陆地小车被触发机构触发(触发方式自行设计,如红外、触碰开关等,但不限于上述触发方式)后出发,沿着管道循检,检测到管道上的漏油点时,执行修复动作(修复动作自行设定,如点亮 LED 进行提醒或控制舵机等,但不限于上述动作),然后继续前进;沿途在小车行驶的道路上会有障碍物,需要陆地小车清除障碍物,转弯处应调节小车姿态;陆地部分设置障碍物、漏油点和弯道若干(机器人应具备转弯循管道能力),小车循检完到达管道末端终点处,小车停止,并有显著停止信号(声、光、电效果均可,但不限于上述效果)发出,比赛完成。

5.5.3.3　竞赛时长

(1)现场编程、程序调试:每组别 90 min(可提前拼装模型)。

(2)任务完成规定用时:3 min。

5.5.3.4　比赛要求

(1)机器人于起点区域启动之前须静止,允许采用按下开关的方式进行启动。

(2)水中机器人和陆地小车须使用传感及编程自主运行。

(3)在任务完成所限定的时间内无暂停。

(4)在比赛过程中,如果出现机器人失去控制并有可能损坏竞赛场地的情况,裁判应及时取出水中机器人或陆地小车,参赛队伍的本次比赛随即结束。

(5)在任务完成所限定的时间内,参赛机器人如发生结构脱落,在不影响机器人正常运动的情况下,参赛选手可请求裁判帮助取回脱落件。

(6)比赛过程中不得更换机器人,不可以对机器人软硬件进行变更。

(7)参赛队伍可选择 A 或 B 区域进行比赛,每支队伍共有两次比赛机会。

5.5.3.5　比赛结束

(1)规定时间内完成任务视为比赛结束。

(2)规定时间内未完成任务,比赛结束。

(3)水中机器人和陆地小车偏离管道 5 s,比赛结束。

5.5.3.6　取消比赛资格

(1)参赛队伍迟到 5 min 及以上。

(2)比赛过程中故意触碰礁石模型、障碍物、场地管道以及参赛的水中机器人和陆地小车。

(3)不听从裁判的指示。

5.5.4 评分标准

5.5.4.1 评分细则

水中机器人协同竞技评分表如表 5-4 所示。

表 5-4 水中机器人协同竞技评分表

任务	得分
水中机器人顺利循管道到达触发机构位置	20 分
水中机器人顺利识别漏油点并进行修复	7.5 分/个
修复部分设计的创意和复杂度 机械运动修复,2~4 分 语音修复提示,3 分 声音或光提示修复,0~3 分	0~10 分
水中机器人顺利避开礁石模型	3 分/个
水中机器人碰撞到礁石模型	−1 分/次
水中机器人碰倒礁石模型	−3 分/次
水中机器人顺利通过触发机构启动陆地小车	9 分
水中机器人漏油点误报	−5 分/次
陆地小车顺利循管道到达终点	20 分
陆地小车顺利识别漏油点并进行修复	3 分/个
修复部分设计的创意和复杂度 机械运动修复,2~4 分 语音修复提示,3 分 声音或光提示修复,0~3 分	0~10 分
陆地小车顺利清除障碍物	4 分/个

续表

任务	得分
触发机构设计的创意及复杂度 机械接触式成功触发,0～5分 含有无线传感并成功触发,5～10分	0～10分
陆地小车到达终点处顺利停止	8分
陆地小车通过循轨迹线方式完成任务	10分
陆地小车漏油点误报	−5分/次

5.5.4.2 最终比赛得分

每支参赛队伍有两次比赛机会,取两次比赛中最好的成绩为最终比赛得分。参赛队伍依据最终得分排名,如果得分相同,则用时短的队伍排名靠前。

5.5.5 相关说明

(1)每位选手限参加一个赛项小组,严禁重复、虚假报名,一经发现或举报,将取消比赛资格。

(2)未在竞赛时间内参加比赛的视为弃权。

(3)本规则是实施裁判工作的依据,在竞赛过程中裁判有最终裁定权。组委会对本规则具有最终解释权。

6 单关节机器鱼毕业设计案例解析

本章以陆军航空兵学院李卫京老师指导的毕业论文《基于水下输油管巡检技术挑战赛的竞赛机器人设计》为例,对其进行解析,供大家学习参考。

该设计以水下机器人创新平台基础版为框架,以提高水中寻迹的稳定性、识别漏油点的准确性为目的,采用单关节尾鳍推进方式,同时兼顾了视频传输和漏油点检测功能。该设计系统以 STM32 为主控芯片,通过 DCMI 接口接收图像传感器 OV2640 摄像头采集的图像,利用 STM32 的 DMA 数据流方式将图像发送到芯片的 SRAM,在 SRAM 中对采集到的图像数据进行实时处理,然后利用 TIM 定时器产生 PWM 信号,控制舵机摆动速度和方向使机器鱼游动前进。若图像中白色管道出现漏油点,则通过 OPEN MV 模板匹配,进而控制 LED 灯亮实现报警。在此基础上,通过实验数据的分析探讨了舵机摆动幅度对直游速度、舵机步长对转弯半径的影响,并对影响因素进行了探究。

6.1 项目概述

6.1.1 课题来源

课题来源于 2018 年国际水中机器人大赛工程项目组输油管道巡检项目。国际水中机器人大赛是由教育部创新方法教学指导委员会指导,教育部教育管理信息中心、国际水中机器人联盟主办的比赛,是目前我国水平最高、影响力最大、最具权威性的机器人竞赛之一。近几年,陆军航空兵学院机器人创新实践工作室一直使用基于线性 CCD 摄像头的机器鱼参加比赛,也取得了不少成绩,同时也看到了与其他参赛队伍的差距,所以实验室决定做一条"新鱼",在条件允许的前提下,用"新鱼"参加 2019 年国际水中机器人大赛。

6.1.2　比赛规则

6.1.2.1　比赛场地

比赛场地示意图如图 6-1 所示。用直径 75 mm 的白色 PVC 管铺设模拟输油管线,PVC 管铺入水池底部。用直径 3 cm 的圆形实心黑色标记表示漏油处,共设置 8 个漏油处,随机分布在输油管各处。场地图标识起点和终点所处的虚线方框内部分别为起点区和终点区。

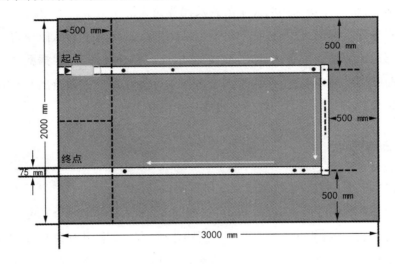

图 6-1　比赛场地示意图

6.1.2.2　比赛过程

比赛开始前,机器鱼置于起点分隔线框内,不得超过分隔线。裁判吹哨示意比赛开始,比赛计时开始,由裁判远程连接并启动机器鱼,启动后不允许再进行任何操作。机器鱼沿着输油管线按照白色箭头指示方向游动,不得偏离管线。从正上方观察,若机器鱼在水平面上的投影与管线在水平面上的投影没有重叠则比赛停止,计时结束。机器鱼游动的同时检测管线上标记的漏油处,检测到漏油处时通过一定方式告知现场裁判及观众。此方式可以是声音、光、回传计算机数据等。机器鱼全身进入终点区比赛结束,计时停止。

6.1.2.3　计分规则

以下为 2018 版比赛规则：

漏油处检测分：正确检测到 1 个漏油处加 10 分，满分 80 分。正确检测要求从正上方观测机器鱼与漏油处有重合，并且同时以明确的方式报告检测到漏油处。机器鱼在未遇到漏油处时有报告则为误报，扣 10 分。

完成比赛分：不偏离管线（判断标准以比赛过程描述为准）到达终点处完成比赛，加 20 分。

计时分：在 150 s 内完成比赛，比赛用时为 T，获得 $(150-T)/4$ 分。

技术分：根据比赛采用的技术形式及比赛完成情况给予技术分。

技术分评定标准：检测过程中机器鱼结构未接触到管道的队伍获得基础技术分 10 分，比赛过程中有接触到管道的队伍没有基础技术分；根据漏油处报告方式、创新思路、技术难度、实用性四个方面由评委在每个方面给出 0~10 分的评分。技术分满分为 50 分，总分为四部分的得分之和。

6.1.3　研究现状

国内水中巡检机器鱼数据采集主要有两大类。

第一类是利用线阵 CCD 模块，实物如图 6-2 所示，由 128 个光电二极管的线阵阵列组成，光源发出的光经过水池、输水管道的反射照射到 CCD 上，光的能量在光电二极管上产生光电流，相关像素点上的有源积分电路对这些光电流进行积分，形成所对应的电势。经信号处理后可由蓝牙无线传送到计算机终端，实时显示被测区域的感光电势图，这样就能区分水池的蓝色、水管的白色和漏点的黑色，确保机器鱼在方向上沿管道运行，检测并报告漏点。该线阵 CCD 模块具有以下特点：高灵敏度、体积小、重量轻、功耗低、接口简单、易于固定。缺点主要有三点：一是调试过程复杂，找阈值要先看图像，并且蓝牙回传数据不稳定，经常断开连接。二是适应能力差，找到合适的阈值后，只能坚持 20 min 左右，之后阈值就要改变，否则无法正常寻迹。三是可调区间小，一旦光照过强或比赛场地有阳光直射，就会导致 CCD 模块阈值调节失效，分不清管子与池底，无法完成比赛。

图 6-2　CCD 模块机器鱼

　　第二类是利用红外光电管传感器探头,实物如图 6-3 所示,光电管自带光源发出的红外线经过水池池底、输水管道的反射照射到红外光电传感器上,红外线的能量在光电二极管上产生光电流,形成所对应的电势,从而在输出端口输出低电平给芯片。通过调节光电管红外线发射强度,以此改变传感器接收到的红外强度,从而达到控制有效的信号感应距离的目的,所以能够区分水管与池底。在相同的反应距离下,管道上的光电管能采集到信息,反之,池底上的光电管则采集不到信息。红外光电管传感器具有四点优点:一是电路设计相对简单。二是检测信息速度快,反应快。三是成本低。四是需要处理的数据相对较少。缺点也有四点:一是可靠性较低,受赛道水深和调节的反应距离影响特别大。二是耗电量较大。三是检测前瞻距离较短。四是占用芯片端口资源过多。

图 6-3　光电管机器鱼

6.1.4　设计概述

本毕业设计主要介绍了基于 STM32F407 单片机的一种设计方案。在该方案中,机器鱼以水下机器人创新平台基础版为框架,主要考虑在水中寻迹的稳定性、报点的准确性而设计。作者研制的机器鱼采用单关节尾鳍来实现推进,同时拓展了视频传输和漏油点检测功能。系统以 STM32 为主控核心,利用 TIM 定时器产生 PWM 信号,控制舵机摆动速度和方向使机器鱼游动前进;通过 DCMI 接口接收图像传感器 OV2640 摄像头采集的图像,利用 DMA 数据流方式将图像发送到 SRAM,在 SRAM 中对采集到的图像数据进行实时处理。若图像中出现漏油处,则通过 OPEN MV 模板匹配,进而控制 LED 灯亮实现报警。

6.2　硬件方案设计

硬件设计部分主要集中在图像处理部分和动力推进部分,主要包括 STM32 主控模块、OV2640 摄像头模块、LCD 显示模块。其中 STM32 主控模块是整个系统的核心控制单元,负责对各个功能模块进行控制和对采集的图像数据进行传输;OV2640 摄像头模块负责原始图像数据的采集;LCD 显示模块负责对图像的显示。OPEN MV 负责识别输油管漏油处并报警。

6.2.1　STM32F407ZGT6 芯片

作为图像处理占较大比重的设计,处理器芯片的选取对整个系统的性能起着决定性作用。目前市场上拥有种类众多的 ARM 芯片,针对不同的应用场景,各种芯片在性能、功耗、价格及处理速度等方面有很大的差异。综合以上考虑,选取意法半导体公司设计的 STM32F407ZGT6 芯片作为系统的微处理器。该芯片是意法半导体公司设计的一款 32 位的基于 Cortex-M4 架构的微处理器,主频达 168 MHz,电流消耗仅为 38.6 mA;具有 1 MB Flash、256 KB SRAM,可接 32 M SDRAM,能存储大容量程序和数据;拥有 2 条 AHB 总线和 1 个 32 位 AHB 总线矩阵,可外挂如 GPIO、DCMI 等多种 I/O 和外设。因此,

STM32 可以实现对运算量有较高要求的实时图像处理和舵机控制。实物如图 6-4 所示。

图 6-4　芯片

6.2.2　OV2640 摄像头传感器

摄像头采用 OV 公司生产的 CMOS UXGA 图像传感器。摄像头传感器主要包括控制寄存器、通信控制信号及外部时钟、感光矩阵、DSP 处理单元等。该传感器的优点是体积小、工作电压低、功耗小。像素高达 200 万,以通过 SCCB 总线的方式进行数据传输,可输出子采样、整帧、取窗口和缩放等方式的各种分辨率的 8/10 位影像数据。当取最小分辨率 UXGA 时,速度可达 15 帧/s。高灵敏度、低电压,支持 RGB565、YCbCr422、RGB565 以及 JPEG 格式。实物如图 6-5 所示。

图 6-5　摄像头

6.2.3 OPEN MV 模块

OPEN MV 是一个基于 STM32F765VI ARM Cortex M7 处理器的单片机和 OV2640 图像传感器的开源型的微型机器视觉模块。OPEN MV 上搭载了一个 Micro Python 解释器,使用 Python 脚本语言编程来实现一系列功能,包括 I/O 端口的控制等基础功能,也可以实现模板匹配等功能。实物如图 6-6 所示。

图 6-6　OPEN MV

6.2.4 液晶显示屏

采用 ILI9341 液晶控制器芯片显示图像信息。该液晶芯片自带 172.8 KB 显存,可保存两帧 RGB 图像数据,还自带有源晶振和稳压芯片,并带有缓存芯片 ALL42B。该芯片内含 384 KB 的 FLASH,可缓存两帧 QVGA 图像数据。图像传感器将采集的图像数据保存成 RGR565 格式存入 FIFO 缓存,STM32 读取缓存中的图像数据经 RGB 接口输出至液晶面板。实物如图 6-7 所示。

图 6-7　液晶显示屏

6.2.5 电源模块

本电源是容量为 5000 mAh 的锂电池,输出电压为 5 V,输出电流为 3 A,使用降压模块稳定输出电压,再根据器件需要,输出两路电源:一路为主控芯片及其周边电路提供 3.3 V 的电压;一路为舵机供电 5.0 V 的电压。实物如图 6-8 所示。

图 6-8 电源

6.2.6 硬件连接示意图

硬件连接示意图如图 6-9 所示。

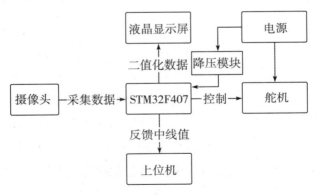

图 6-9 硬件连接示意图

6.2.7 防水设计

机器鱼需要在水中长时间的工作,所以具备一定的防水性能是最基本的条件。机器鱼的外部整体是隔水设计,所以防水的重点是各舱段的密封。在各舱段连接处采用中性玻璃胶粘接和胶带密封的方法防水,可方便机器鱼的拆装。

小结:本部分主要根据机器鱼的设计需求,简要地介绍了作品中所用到的硬件基本性能以及防水方面的设计。

6.3 软件方案设计

软件设计主要包括从摄像头采集数据,确定管道中线值,到控制舵机摆动幅度以实现寻迹;同时将二值化后的像素点图像显示到屏幕上,参考图像设置合适阈值;OPEN MV 识别黑点相对独立,由单独的模块执行。

6.3.1 摄像头

本设计中的数据采集模块采用到的是 OV2640 摄像头,目的是采集数据以供 STM32 芯片分析和显示屏显示。

6.3.1.1 SCCB 总线时序

图像传感器 OV2640 通过 SCCB 总线时序来访问并设置其寄存器,最终实现对输出图像的控制,所以,首先要实现 SCCB 总线的编程。对于 SCCB 总线,其数据的输入/输出以及时钟的输入分别为数据线 SIO_D 和时钟线 SIO_C,通过 SIO_D 和 SIO_C 两者之间的相互配合来完成 SCCB 总线功能的实现。其中,数据线是按照 SCCB 总线协议,把需要设置的参数写入相应的寄存器,或从相应的寄存器中读取需要的数据。SIO_C 支持的最高频率为 400 kHz。SCCB 总线时序如图 6-10 所示。

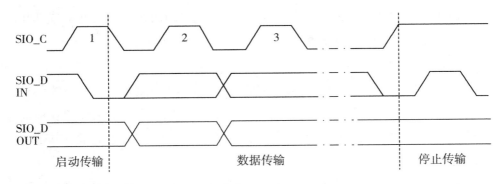

图 6-10 SCCB 总线时序

函数 SCCB_Start(void)的功能为启动 SCCB 总线。从 SCCB 时序图可以看出,SCCB 起始信号是时钟信号为高电平,而此时数据线的电平趋势是由高电平到低电平。部分代码为:

```
SCCB_SDA=1;//数据线高电平
SCCB_SCL=1;//时钟线高电平
SCCB_SDA=0;//数据线变低电平
```

函数 SCCB_Stop(void)的作用是实现中止数据的传输。当时钟为高电平时,数据线的电平由低电平向高电平转变,这为 SCCB 停止信号。

```
SCCB_SDA=0;//数据线低电平
SCCB_SCL=1;//时钟线高电平
SCCB_SDA=1;//数据线变低电平
```

函数 SCCB_No_Ack(void)是一个非响应函数,作用是在连续读取的最后一个结束周期,实现微控制器通过 SCCB 总线向 OV2640 传输数据后发送一个结束周期的非响应信号。

函数 SCCB_WR_Byte(u8 dat)是一个数据写入函数,即微控制器通过 SCCB 总线向 OV2640 写入一个字节的数据。

函数 SCCB_RD_Byte(void)是一个数据读取函数,作用是微控制器通过 SCCB 总线从 OV2640 读取一个字节的数据。

函数 SCCB_RD_Reg(u8 reg)和函数 SCCB_WR_Reg(u8 reg,u8 data)是操作寄存器的读写函数。

通过以上函数的功能就能够实现 SCCB 总线访问图像传感器并配置其相应寄存器,达到对输出图像的控制。

6.3.1.2 OV2640 初始化及实现

OV2640 初始化过程包括相关引脚的初始化、时钟的使能、SCCB 总线的初始化及寄存器的配置等。其中,SCCB 总线的初始化以及寄存器的配置在前面已经提到,而整个的初始化过程通过函数 OV2640_Init(void)来完成。其部分代码流程如下:

```
RCC_AHB1PeriphClockCmd(RCC_AHB1Periph_GPIOG,ENABLE);//时钟的使能
GPIO_Init(GPIOG,&GPIO_InitStructure);//引脚的初始化
OV2640_PWDN=0;//OV2640 上电
OV2640_RST=0;//复位 OV2640
OV2640_RST=1;//结束复位
SCCB_Init();//初始化 SCCB 的 IO 口
SCCB_WR_Reg(OV2640_DSP_RA_DLMT,0x01);//操作 sensor 寄存器
Reg=SCCB_RD_Reg(OV2640_SENSOR_MIDH);//读取厂家 ID
```

6.3.1.3 图像采集模块程序设计

微控制器 STM32F407 通过 DCMI 数字摄像头接口来驱动图像传感器 OV2640 来采集图像数据。该接口是 ST 公司针对 STM32F4XX 系列芯片设计的快速摄像头接口,能够接收从外部 CMOS 图像传感器发出的 8~14 位的高速数据流,是一个同步并行接口,可支持像 YCbCr4:2:2/RGB565 逐行视屏以及 JPEG(压缩数据)等不同的数据格式。

在 DCMI 接口中,有 4 种不同的信号:

(1)14 位的数据输入。本设计采用的是 8 位的数据格式,主要用来接收图像传感器的输出数据。

(2)接收图像传感器的 PCLK(像素时钟)信号的像素时钟输入(PIXCLK)。

(3)接收图像传感器的 HREF(行同步)信号的行同步输入(HSYNC)。

(4)接收图像传感器的 VCYNC(帧同步)信号的场同步输入(VSYNC)。

DCMI接口最高可接收速率达54 MB/s的数据流,通过编程它的像素时钟极性,在像素时钟的上升沿或下降沿捕获数据,并通过一个32位数据寄存器(DCMI_DR)来存放接收到的图像数据。图像的缓冲区由DMA而不是DCMI接口管理,采用DMA的方式传输数据。设置DCMI_CR寄存器中的CAPTURE位为1时,将激活DMA接口。每当DCMI接口的寄存器收到一个完整的32位数据块时,都将触发一个DMA请求。DCMI_CR寄存器各位功能如下:ENABLE位,为使能DCMI接口位;FCRC位,用来帧率控制的两个位,当想捕获所有帧时,需要设置为00;VSPOL位,用于设置VSYNC引脚上数据无效时的电平状态;HSPOL位,用于设置HSYNC引脚上数据无效时的电平状态;PCKPOL位,用于设置像素时钟极性,如果使用上升沿捕获时设置为1,如果使用下降沿捕获时设置为0;CM位,用于设置捕获模式,使用连续采集模式时设置为0,使用快照模式时设置为1;CAPTURE位,用于使能捕获,该位使能后将激活DMA接口,DCMI状态为等待第一帧开始,然后生成DMA请求将收到的数据传输到目标存储器中。

DCMI接口驱动OV2640过程:

(1)配置OV2640控制引脚,并配置OV2640工作模式,即在启动DCMI之前先初始化OV2640。OV2640初始化通过函数OV2640_Init(void)来完成。

(2)配置相关引脚的模式,使能时钟。在初始化OV2640后,需要配置摄像头模块与DCMI接口连接的I/O,并使能I/O和DCMI时钟。使能DCMI时钟的方法为:

```
RCC_AHB2PeriphClockCmd(RCC_AHB2Periph_DCMI,ENABLE);//
使能DCMI时钟
```

(3)DCMI相关设置的配置。通过DCMI_CR寄存器的设置来配置相关重要参数,如VSPOL、HSPOL、PCKPOL以及数据宽度等。同时开启帧中断,编写DCMI中断服务函数来进行数据处理。中断函数DCMI_IRQPandler(void)的代码如下:

```
void DCMI_IRQPandler(void)
{
If (DCMI_GetITStatus(DCMI_IT_FRAME)==SET);//捕获到一帧
图像
{
jpeg_data_process();//数据处理
DCMI_ClearITPendingBit(DCMI_IT_FRAME);//清除帧中断
      ov_frame++;
}
}
```

而寄存器 CAPTURE 位需要在 DMA 配置完成后,再进行设置。DCMI 的寄存器配置通过函数 DCMI_Init(DCMI_InitTypeDef DCMI_InitStruct)来实现,需要配置的寄存器参数放在结构体 DCMI_InitTypeDef 中,其定义为:

```
typedef struct
{
Unit16_t DCMI_CaptureMode;//设置捕获模式
Unit16_t DCMI_SynchroMode;//选择同步方式
Unit16_t DCMI_PCKPolarity;//设置像素时钟特性
Unit16_t DCMI_VSPolarity;//设置垂直同步特性 VSYNC
Unit16_t DCMI_HSPolarity;//设置水平同步特性 HREF
Unit16_t DCMI_CaptureRate;//设置帧捕获率
Unit16_t DCMI_ExtendedDateMode;//设置扩展数据模式,8/10/12/
14 位
}
```

(4)DMA 的配置。在连续采集模式下,采集到的图像数据可通过 DMA 传输输出到液晶显示屏(RGB565 格式)。目的地址为 LCD→RAM 地址,而源地址为 DCMI_DR 地址。DCMI 的 DMA 传输采用的是 DMA2 数据流 1 的通道 1。

（5）设置 OV2640 的图像输出大小，使能 DCMI 捕获。选择 RGB565 格式输出图像，根据液晶显示屏的尺寸来设置输出图像的大小，这样能够实现液晶显示屏全屏显示（图像可能因缩放而变形）。

开启 DCMI 捕获的方法是：

DCMI_CaptureCmd(ENABLE);//DCMI 捕获使能

小结： 本节主要介绍了如何将一帧图像从摄像头采集并存储到数据寄存器（DCMI_DR）中，为后续输出至显示屏、直线寻迹算法做准备。流程如图 6-11 所示。

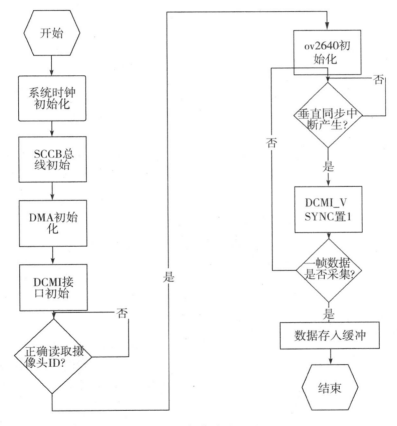

图 6-11　摄像头流程图

6.3.2　液晶显示屏

本设计中用到的是 TFT-LCD，内部集成了 ILI9341LCD 控制芯片，目的是将二值化后的图像显示在液晶显示屏上,然后通过判断输油管在液晶显示屏上的位置、宽度,确定合适阈值,以完成控制机器鱼寻迹的功能。应用液晶显示屏主要用到的知识有:液晶显示屏的驱动模式、初始化、读写数据及写入命令的函数编写,向液晶显示屏发送寄存器配制,以及对摄像头采集数据进行二值化处理并将数据输出到液晶显示屏上等。

6.3.2.1 液晶显示屏驱动模式

在本设计中,用可变静态存储控制器(Flexible Static Memory Controller,FSMC)的 NOR FLASH 模式驱动液晶显示屏。FSMC 接口是 STM32F407 系列芯片自带的一种外部总线接口,采用新型的存储器扩展技术,可支持包括 SRAM、NAND FLASH、NOR FLASH 和 PSRAM 等在内的存储器。因为 FSMC 的读写时序和液晶显示屏的读写时序很相似,于是把液晶显示屏当成一个外部存储器,用 FSMC 的 NOR FLASH 模式驱动液晶显示屏。

6.3.2.2 液晶显示屏初始化

初始化液晶显示屏是将液晶控制器 ILI9341 配置为异步 NOR FLASH 驱动模式,用到的 I/O 口、FSMC 接口除了复位、背光用的 PF11 和 PF9 设置为通用推挽输出外,其余的写使能、读使能、片选、地址信号、数据信号的端口全部设置为复用推挽输出。代码如下:

```
void LCD_GPIO_Config(void)
{
GPIO_InitTypeDef GPIO_InitStructure;//使能液晶屏相关 GPIO 时钟
FSMC_A0_GPIO_CLK;//只用到了 A0 地址线
FSMC_D0_GPIO_CLK;//其余 15 个数据引脚时钟初始化省略
#define FSMC_D0_GPIO_PIN    GPIO_Pin14;//初始化数据输出引脚
#define FSMC_WE_GPIO_PIN    GPIO_Pin5;//初始化写使能引脚
#define FSMC_OE_GPIO_PIN    GPIO_Pin4;//初始化读使能引脚
#define FSMC_CS_GPIO_PIN    GPIO_Pin12;//初始化片选引脚
}
LCD_GPIO_Config();//初始化使用到的 GPIO 或 I/O 口的方向和功能
LCD_FSMC_Config();//初始化 FSMC 模式
```

6.3.2.3 液晶显示屏函数编写

本设计把 TFT-LCD 当作 16 位的 NOR FLASH 来进行控制。通过 FSMC_NE3 来进行片选,NOR FLASH 的控制信号一般有地址线、数据线、写信号 WE、读信号 OE、片选信号 CS。而 TFT-LCD 的控制信号一般有 RS(命令/数据标志)、数据线 D0～D15、WR、RD 和 CS 等。液晶显示屏的操作时序与 NOR FLASH 的控制非常相似,唯一的差别是液晶显示屏有 RS 信号,而没有地址。因此,在本设计中将液晶显示屏的 RS 信号与 FSMC 的地址线 A0 连接在一起,通过对 A0 写 0 或写 1 来区分对液晶显示屏是写命令还是写数据。

FSMC 支持 8 位、16 位、32 位的数据宽度,因为本设计中所用的液晶显示屏是 16 位宽度的,所以 FSMC 也采用 16 位数据宽度。设置 FSMC 的 16 位数据宽度是通过将 SRAM/NOR 闪存片选择控制寄存器 FSMC_BCRx(x=1～4,对应 4 个区)的 MWID[5:4]位置为 01 来实现的。FSMC 共管理 1 G 的外部存储空间,它将这 1 G 的存储空间划分为 4 个固定大小(256 M 字节)的存储块 Bank1～4。本设计只用到 Bank1。Bank1 又被分为 4 个区,每个区管理 64 M 字节的空间。Bank1 的 256 M 字节空间由 28 根地址线 HADDR[27:0]寻址。HADDR 是 STM32 内部 AHB 地址总线,其中,HADDR[25:0]是外部存储器地址 FSMC_A[25:0],而 HADDR[27:26]对 4 个区进行寻址。在 16 位数据宽度时,HADDR[0]并没有用到,只有 HADDR[25:1]是有效的,STM32 内部 AHB 地址总线 HADDR[25:1]对应的外部存储器地址为 FSMC_A[24:0],即右移了一位。

设计原理如下:地址 1→地址线 00000000000000000000000001,地址 0→地址线 00000000000000000000000000。DCX 引脚连接 FSMC_A0,所以访问地址 1,A0 地址线由 FSMC 控制为高电平,DCX 引脚接收到高电平,液晶显示屏会把 D0～D15 理解为数据;访问地址 0,A0 地址线由 FSMC 控制为低电平,DCX 引脚接收到低电平,液晶显示屏会把 D0～D15 理解为命令。代码如下:

```
#define LCD_DATA_ADDR ((uint32_t)(Bank1_NOR_SRAM3_ADDR
| (1<<(0+1))))//0X6800 0002
#define LCD_DATA_CMD ((uint32_t)(Bank1_NOR_SRAM3_
ADDR&~(1<<(0+1))))//0X6800 0000
//往液晶显示屏发送数据
void LCD_Write_Data(uint16_t data)
{
uint16_t * p=(uint16_t *)(LCD_DATA_ADDR);
* p=data;//液晶显示屏把 data 理解成数据
}
//往液晶显示屏发送命令
void LCD_Write_CMD(uint16_t cmd)
{
uint16_t * p=(uint16_t *)(LCD_DATA_CMD);
* p=cmd;//液晶显示屏把 data 理解成命令
}
```

6.3.2.4 液晶显示屏寄存器配制

要想驱动液晶显示屏,还需要对寄存器进行配置,比如读写的数据宽度、电压配置等命令和数据,而这些配置由厂家提供。

```
//往液晶显示屏写入配置
Void LCD_Reg_Config(void)
{
LCD_WR_REG(0xCF);
LCD_WR_DATA(0x00);
}
```

6.3.2.5 代码实现

首先对摄像头采集的数据进行二值化。二值化即采集数据与设定阈值进行比对,如果高于阈值,则设置该像素点数据为 0xffff(白色),否则设置为 0x0000(黑色)。

```
//数据二值化
u16 yuv422_y_to_bitmap(u8 threshold,u16 yuv422)
{
u16 bitmap;
u8 temp;
    temp = (u8)(yuv422>>8);
    if(temp >= threshold)
{
bitmap = 0xffff;
}
    else
    {
    bitmap = 0x0000;
    }
return bitmap;
//选中矩形大小
Void LCD_Draw_Rect(uint16_t x0,uint16_t x1,uint16_t y0,uint16_t y1)
{
ILI9341G_Write_Cmd(0x2a);//命令
ILI9341G_Write_Data((x0>>8)&0xFF);//x0 高 8 位
ILI9341G_Write_Data(x0&0xFF);
IL I9341G_Write_Data((x1>>8)&0xFF);//x1 高 8 位
ILI9341G_Write_Data(x1&0xFF);

ILI9341G_Write_Cmd(0x2b);//命令
ILI9341G_Write_Data((y0>>8)&0xFF);//y0 高 8 位
ILI9341G_Write_Data(x0&0xFF);
ILI9341G_Write_Data((y1>>8)&0xFF);//y1 高 8 位
ILI9341G_Write_Data(x1&0xFF);
}
```

传数据,即显存的数据,显存有什么就控制液晶显示屏显示什么,上面指定了区域,下面往选中区域里写数据。

```
//屏幕上开窗,选定显示位置
LCD_Set_Window(0,0,240,120);
//写入像素命令
ILI9341G_Write_Cmd(0x2c);
for(j = 0; j <CAMERA_H; j++)
{
for(k = 0; k < CAMERA_W; k=k+2)
{
Image[j][k]= yuv422_y_to_bitmap(threshold,temp_l);
i++;
ILI9341G_Write_Data(Image[j][k] );
}
}
```

小结:摄像头采集数据已被 DMA 搬运至 LCD→RAM 地址中。本节主要介绍了如何将 LCD→RAM 地址中的数据输出至液晶显示屏中,主要通过将 TFT-LCD 当作 16 位的 NOR FLASH 来进行控制,以及编写向液晶显示屏读写数据及写入命令的函数来实现。

6.3.3 确定中线值

本节解决的问题是计算中线值,涉及的内容有确定管道边缘、权值优化,最终为舵机控制函数提供参数。

6.3.3.1 确定管道边缘值

在一般情况下,白色管子所对应像素点的亮度值要比蓝色池底的高。基于二值化处理后的数据,以找管道右边缘为例,从捕捉到的数据右边缘开始,如果三个"相邻"(间隔一个)的像素点都为白色,即表示找到白色管子右边缘,记录下所对应的列数;找管道左边缘同理。

当找到左、右边缘后,左边缘对应列数和右边缘对应列数之和的一半即为本行中线值。

程序如下：

```
for(j = CAMERA_W－1; j >= 20; j－ －)
{
if(bFoundRight＝＝0)
{
if(Image[i][j]＝＝0xffff&&Image[i][j－2]＝＝0xffff&&Image[i][j－4]＝＝0xffff)
{
RightBlack[i]＝j;
if(RightBlack[i]>40)
        {
            bFoundRight ＝ 1;
        }
if(bFoundRight＝＝1)
        {
            break;
        }
}
}
if(bFoundLeft＝＝0&&bFoundRight＝＝1)
{
if(Image[i][j]＝＝0xffff&&Image[i][j＋2]＝＝0xffff&&Image[i][j＋4]＝＝0xffff)
{
    LeftBlack[i]＝j;
        if(LeftBlack[i]<CAMERA_W－40)
            {
```

```
                            bFoundLeft = 1;
                    }
if(bFoundLeft==1)
                    {
                            break;
                    }
}
if(bFoundRight==1&&bFoundLeft==1)
{
zhongxian[i]=(LeftBlack[i]+RightBlack[i])/2;
}
     else
{
    zhongxian[i]=zhongxian[i-1];
}
```

6.3.3.2　中线值权值优化

由于仅由一行数据计算得出的中线值具有较大偶然性,本算法将 50 行数据作为一个样本,并根据中线值所在行数的不同,给予不同的权值,然后求出平均中线值,作为舵机控制参数。

程序如下:

```
for(i = 0; i < 50; i++)
{
    if(i<10)
{
    quanzhong=40;
}
else if(i<20)
{
```

```
        quanzhong=50;
}
else if(i<30)
{
        quanzhong=30;
}
else if(i<40)
{
        quanzhong=20;
}
else
{
        quanzhong=20;
}
s=zhongxian[i] * quanzhong;
sum+=s;
sum1+=quanzhong;
}
center=(int)(sum/sum1);
return center;
```

小结:本节主要介绍了寻迹算法,通过判断右边缘值与左边缘值计算管道中线值,然后利用权值优化对 50 行的中线值进行平均,得到可操作性较强的中线值,以供进行舵机控制。

6.3.4 舵机控制

本设计中用的是 S3003 舵机,目的是根据返回的偏差量值(机器鱼在管道正上方时中线固定值与实时管道中线值的差值),通过算法改变舵机角度,调整鱼身位置,以保证鱼身始终在输油管道上方。

6.3.4.1 舵机原理与构造简介

舵机是一种位置伺服的驱动器,适用于那些需要角度不断变化并可以保持的控制系统。其工作原理是:控制信号由接收机的通道进入信号调制芯片,获得直流偏置电压。它内部有一个基准电路,产生周期为 20 ms、宽度为 1.5 ms 的基准信号,将获得的直流偏置电压与电位器的电压比较,获得电压差输出。最后,电压差的正负输出到电机驱动芯片决定电机的正反转。当电机转速一定时,通过级联减速齿轮带动电位器旋转,使得电压差为 0,电机停止转动。舵机的控制信号也是 PWM 信号,利用占空比的变化改变舵机的位置,其脉冲宽度在 0.5～2.5 ms 变化时,舵机输出轴转角在 0°～180°变化。对应的控制关系如下:

0.5 ms———————————————————————0°

1.0 ms———————————————————————45°

1.5 ms———————————————————————90°

2.0 ms———————————————————————135°

2.5 ms———————————————————————180°

尺寸如图 6-12 所示。

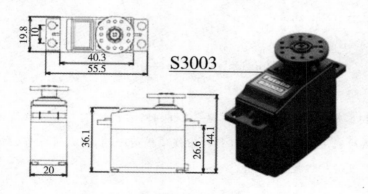

图 6-12　舵机尺寸示意图

6.3.4.2 PWM 输出原理

脉冲宽度调制(Pulse Width Modulation,PWM)简称"脉宽调制",是利用微处理器的数字输出来对模拟电路进行控制的一种非常有效的技术。PWM 输出原理如图 6-13 所示。

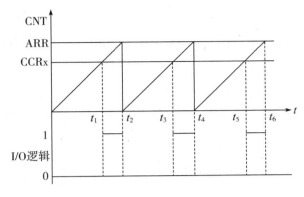

图 6-13　PWM 输出原理

假定定时器工作在向上计数 PWM 模式,且当 CNT 等于 CCRx 时输出 1,那么就可以得到 PWM 示意图。当 CNT 小于 CCRx 时,I/O 输出低电平(0);当 CNT 大于等于 CCRx 时,I/O 输出高电平(1);当 CNT 达到 ARR 时,重新归零,然后重新向上计数,依次循环。改变 CCRx 的值,就可以改变 PWM 输出的占空比;改变 ARR 的值,就可以改变 PWM 输出的频率,这就是 PWM 输出原理。

6.3.4.3　配置寄存器步骤

(1)开启 TIM14 和 GPIO 时钟,配置 PF9 选择复用功能 AF9(TIM14)输出。

要使用 TIM14,必须先开启 TIM14 时钟。这里还要配置 PF9 为复用(AF9)输出,才可以实现 TIM14_CH1 的 PWM 经过 PF9 输出。

> RCC_APB1PeriphClockCmd(RCC_APB1Periph_TIM14,ENABLE); //TIM14 时钟使能
>
> GPIO_PinAFConfig(GPIOF,GPIO_PinSource9,GPIO_AF_TIM14); //GPIOF9 复用为定时器 14
>
> GPIO_InitStructure.GPIO_Mode = GPIO_Mode_AF; //复用功能

(2)初始化 TIM14,设置 TIM14 的 ARR 和 PSC 等参数。

在开启了 TIM14 时钟之后,要设置 ARR 和 PSC 两个寄存器的值来控制输出 PWM 的周期。计算公式为:溢出时间 T_{out}(PWM 输出周期)＝(arr＋1)

$(\text{psc}+1)/T_{\text{clk}}$。

T_{clk} 为通用定时器的时钟,即系统时钟 84MHZ,3.4.1 节提到 T_{out}(周期)为 20 ms,本设计中用到 arr 为 20000,psc 为 84。

> TIM_TimeBaseStructure. TIM_Period = arr; //设置自动重装载值
>
> TIM_TimeBaseStructure. TIM_Prescaler =psc; //设置预分频值

(3)设置 TIM14_CH1 的 PWM 模式、使能 TIM14 的 CH1 输出。

要通过配置 TIM14_CCMR1 的相关位来控制 TIM14_CH1 的模式。在库函数中,PWM 通道设置是通过函数 TIM_OC1Init()~TIM_OC4Init()来设置的,不同通道的设置函数不一样,这里使用的是通道 1,所以使用的函数是 TIM_OC1Init()。

> void TIM_OC1Init(TIM_TypeDef * TIMx, TIM_OCInitTypeDef * TIM_OCInitStruct);
>
> TIM_TimeBaseStructure. TIM_CounterMode = TIM_CounterMode_Up; //向上计数模式
>
> TIM_OCInitStructure. TIM_OCMode = TIM_OCMode_PWM1; //选择模式(PWM 模式 1,在向上计数时,一旦 TIMx_CNT<TIMx_CCR,为有效电平,否则为无效电平;在向下计数时,一旦 TIMx_CNT>TIMx_CCR 为有效电平,否则为无效电平)
>
> TIM_OCInitStructure. TIM_OutputState = TIM_OutputState_Enable; //比较输出使能
>
> TIM_OCInitStructure. TIM_OCPolarity = TIM_OCPolarity_Low; //输出极性低(极性低表示输出低电平为有效电平)

(4)使能 TIM14。

在完成以上设置了之后,需要使能 TIM14。

> TIM_Cmd(TIM14, ENABLE); //使能 TIM14

(5)修改 TIM14_CCR1 来控制占空比。

在经过以上设置之后,PWM 其实已经开始输出了,只是其占空比和频率都是固定的,而通过修改 TIM14_CCR1 则可以控制 CH1 的输出占空比,继而完

成寻迹。在库函数中,修改 TIM14_CCR1 占空比的函数是:

```
void TIM_SetCompare1(TIM_TypeDef * TIMx, uint16_t Compare2);
以下为程序中舵机调直算法:
void dir(int center)
{
    int fla_cha＝0;    //偏差量
    if(center＝＝240)
{

    TIM_SetCompare1(TIM14,1800);
delay_ms(100);
TIM_SetCompare1(TIM14,2000);
}
else
{
fla_cha＝target_center－center;
if(fla_cha＞70)
{
TIM_SetCompare1(TIM14,1500);
delay_ms(100);
TIM_SetCompare1(TIM14,1700);
}
else if(fla_cha＞60)
{
TIM_SetCompare1(TIM14,1200);
delay_ms(100);
TIM_SetCompare1(TIM14,1400);
}
else if(fla_cha＞＝0)
```

```
{
TIM_SetCompare1(TIM14,800);
delay_ms(100);
TIM_SetCompare1(TIM14,1400);
}
else
{
if(fla_cha * (-1)<60)
{
TIM_SetCompare1(TIM14,1400);
delay_ms(100);
TIM_SetCompare1(TIM14,800);
}
else if(fla_cha * (-1)<70)
{
TIM_SetCompare1(TIM14,1000);
delay_ms(100);
TIM_SetCompare1(TIM14,800);
}
else
{
TIM_SetCompare1(TIM14,400);
delay_ms(100);
TIM_SetCompare1(TIM14,700);
}
}
}
```

小结：本节主要介绍了舵机的工作原理以及如何利用定时器 14 输出需要

的 PWM 波来控制舵机,主要内容为寄存器配置的步骤、偏差量与 PWM 波占空比契合,从而实现寻迹。

6.3.5　OPEN MV 识别黑点

本设计中用到的是内部集成STM32F765VIT6 控制芯片的 OPEN MV,目的是检测输油管漏油处并报警。

6.3.5.1　OPEN MV

OPEN MV 集成了一块 STM32 芯片,配有 10 个 I/O 口、1 个 ADC/DAC 引脚、1 个 SPI 总线、1 个 I2C 总线、2 个串口、3 个伺服引脚、1 个 CAN 总线。模块上有 1 个摄像头用于拍摄物体图像,拍摄的图像由模块集成的 STM32 芯片处理。

OPEN MV 的底层函数由 C 语言编写,使用者只需用 Python 编程调用便可,这大大降低了硬件开发的难度。OPEN MV 内封装有众多功能的函数,能够轻松用于颜色跟踪、标记跟踪、边缘/线路检测、模板匹配等。OPEN MV 配有自己的编程软件 OPEN MV IDE,编程环境如图 6-14 所示,编程语言是 Python。

图 6-14　编程环境

6.3.5.2 NCC 算法

OPEN MV 采用了基于 NCC 算法的模板匹配方法检测漏油处,其工作原理是:当我们看到一个陌生的物体并记住它大致的样子,之后在不同的场景下又看见它,我们会认出它,因为我们之前记住了它大概的样子,而模板匹配就是模仿人类的记忆识别功能。模板匹配是取一幅小图像作为寻找目标,然后在包含目标的一幅大图像中搜寻目标,通过一定的算法可以在图像中找到目标,并确定其坐标位置。

常用的模板匹配算法有 SAD 绝对误差和算法、SSD 误差平方和算法、NCC 归一化积相关算法、SSDA 序贯相似性算法、MAD 平均绝对差算法、MSD 平均误差平方和算法。本设计使用的模板匹配函数是基于 NCC 归一化积相关算法。NCC 是计算两组样本数据之间相关性的一种算法,根据相关程度,其取值为[-1,1]。对一幅图像来说,其每个像素点都有对应的灰度值,所以,整幅图像(拍摄图像)就可以看成是一个样本数据的集合。如果它有一个子集(拍摄图像中的一小部分图像)与另外一个样本数据(模板图像)相互匹配:若它的 ncc 值为 1,则表示相关性很高;若它的 ncc 值是-1,则表示完全不相关。根据这个原理来实现图像模板匹配算法,其中第一步就是要归一化数据,算法公式如下:

$$NCC_{(i,j)}=\frac{\sum\limits_{m=1}^{M}\sum\limits_{n=1}^{N}[S^{(i,j)}(m,n)-\overline{S^{(i,j)}}]\times[T(m,n)-\overline{T}]}{\sum\limits_{m=1}^{M}\sum\limits_{n=1}^{N}[S^{(i,j)}(m,n)-\overline{S^{(i,j)}}]^2\times\sum\limits_{m=1}^{M}\sum\limits_{n=1}^{N}[T(m,n)-\overline{T}]^2}$$

其中,T 代表模板,S 代表大图像 D 中与 T 大小相等的子图,(i,j) 表示大图像 D 中像素点的坐标。过程就是在大图像 D 中,以点 (i,j) 为左顶点,截取 $M\times N$ 大小的图像和模板 T 对比,两者图像越相似,则 NCC 值越接近于 1。相当于在整幅图像上移动模板对比,遍历计算 NCC 的值,而其中 NCC 值最大的位置就最有可能是目标的位置。在 OPEN MV 中同样封装有模板匹配函数,在应用时根据具体情况进行采样,实现函数调用。漏油处取样模板如图 6-15 所示。

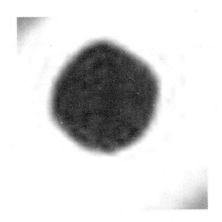

图 6-15　漏油处取样模板

6.3.5.3　程序实现

```
import time, sensor, image

from image import SEARCH_EX, SEARCH_DS

from pyb import LED

from pyb import Pin

p1 = Pin('P1', Pin. OUT_PP, Pin. PULL_NONE)

LED(3). off()

sensor. reset()

sensor. set_contrast(1)

sensor. set_gainceiling(16)

sensor. set_framesize(sensor. QQVGA)

sensor. set_pixformat(sensor. GRAYSCALE)

template = image. Image("/5. pgm")//保存的模板为5,

while (True):

    img = sensor. snapshot()

    r = img. find_template(template//模板, 0.70//相识度, step=4//
每隔4个像素点比对一次, search = SEARCH_EX) #, roi=(10, 0, 60,
60)//匹配的区域)
```

```
//如果匹配到黑点,让 p1 引脚输出高电平,点亮 LED(完成报警)
if r:
        img. draw_rectangle(r)
        LED(3). on()
        p1. value(1)
        print('1')
//如果没有匹配到黑点,让 p1 引脚输出低电平,LED 不亮(不报警)
else:
    LED(3). off()
        p1. value(0)
        print('0')
```

小结：本节主要介绍了如何用 OPEN MV 实现漏油处报警,相对独立。主要内容即模板匹配,通过 OPEN MV 的模板匹配函数进行识别黑点,然后通过控制 p1 端口输出电平高低来实现报警。

本部分作为论文的重点,主要讲述了摄像头的配置、液晶显示屏的使用、确定中线值、舵机控制以及漏油处报警,是本设计的核心部分,为进一步研究提供了理论基础。

6.4 机器鱼综合实验

在完成了机器鱼的制作后,作者在实验室水池进行了水下综合实验。主要任务：一是调平机器鱼；二是测试机器鱼防水性；三是对机器鱼的直游速度进行测试,并对影响因素进行探究；四是对机器鱼的右转弯稳定性进行测试,并就舵机右满舵的延时对转弯稳定性的影响进行了探究。

6.4.1 防水性测试

机器鱼在水中游动,最大的挑战就在于防水。防水一旦没有做好,极易造成内部电路、舵机、电池组短路,以致出现不可修复的损坏。作者在做防水测试时分为两个步骤,先进行了静止防水测试,后进行了运动防水测试。在静止防水测试时,机器鱼电路上电,无运动,在水面上漂浮 3 min,经过实验发现在头部观察窗处有少许进水,通过缩小缝隙、涂抹凡士林等方法解决了这一问题。在运动防水测试时,机器鱼电路上电,机器鱼正常寻迹,防水效果良好。

6.4.2 直游速度与转弯稳定性测试

为了验证结构设计和运动控制的有效性,在一个长 3 m、宽 2 m、高 0.27 m 的水池中,对机器鱼的直游速度、转弯稳定性分别设计了对照实验。

6.4.2.1 摆动频率与摆尾幅度对直游速度的影响

通过实验发现,舵机的摆动频率(实为延时时间)与摆尾幅度对直游速度有很大的影响。由图 6-16 可知,当频率相同时,摆动幅度越大,机器鱼速度越快,但幅度过大会导致鱼身不稳定,不利于寻迹。经过实验,当幅度为 1000 时,机器鱼速度较快且较稳定。当摆动幅度不变时,可以通过改变舵机摆动频率来控制机器鱼游动的速度。机器鱼的直游速度在一定范围内随着尾部摆动频率的增加而加快,最高可以达到 0.35 m/s。到达一定的频率后,速度将降低,作者认为这是由于机器鱼的结构和舵机的限制造成的。不同结构的机器鱼都具有这样一个转折频率,在摆动频率大于这一频率后,速度不会上升,反而降低。当摆动频率不变时,机器鱼的直游速度基本上随着幅度的增加而加快。

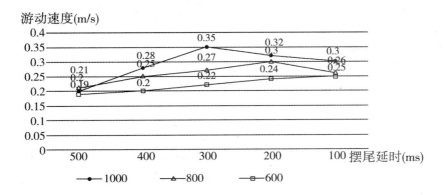

图 6-16　机器鱼游动频率与摆尾幅度对直游速度的影响

6.4.2.2 舵机右满舵的延时对转弯稳定性的影响

机器鱼要实现寻迹,转弯是一难点。即便算法没有问题,但由于机器鱼的结构各不相同,转弯的最佳延时也是不一样的。从图 6-17 可以出,当摆动频率不变时,机器鱼的转弯延时为 200 ms 时,转弯稳定性最好,即转弯时鱼身偏离管道正上方的程度越小。此时,通过调整摄像头前置位置、增加配重等方法可以达到较好的转弯效果。

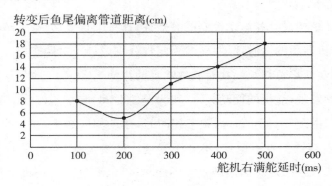

图 6-17　舵机右满舵的延时对转弯稳定性的影响

小结:本部分主要介绍了机器鱼的防水性测试,并对影响直游速度、转弯稳定性的主要因素进行了探究,基本掌握了摆动频率与摆尾幅度对直游速度的影响、舵机右满舵的延时对转弯稳定性的影响的规律,为进一步对机器鱼的调试提供了理论支撑。

6.5　点评感悟

6.5.1　导师建议

该同学设计的机器鱼基本可以完成所有功能,还有几点不足:一是转弯不稳定。作为竞赛机器鱼,寻迹如果不能完成,将不能完成比赛。二是摄像头模块重叠。OPEN MV 完全可以实现寻迹和识点,下一步可以将 OV2640 摄像头去掉,仅用 OPEN MV 模块处理。三是速度不够快。可以优化程序,加快运行速度,提高寻迹速度。四是漏油处报点准确性没有进行实验,报警准确性需要通过增加模板提高准确性。

6.5.2　学生感悟

接到毕业设计任务书之后,从最初的资料查找、可行性讨论、方案设计,再到电路设计、安装调试、实验验证等,作者学到了很多。但由于是跨专业,许多知识并不了解,为了高标准完成毕业设计任务,所以很多知识需要从头开始学。从库函数到寄存器,从总体思路到模块实现等,每一步都不是想象中的那么简单。对于任务中每一个功能的实现,总是伴随着不断的调试,发现问题后解决问题,一遍又一遍,这一过程也大大培养了作者耐心细致的品质,增强了动手能力。非常感谢这样一段经历,使作者收获良多!

7 KenFish 多关节机器鱼系统构成

为便于 KAPI 训练学生进行硬件结构的拆卸与改造,本章以老版本黑色玻璃钢多关节机器鱼为例进行介绍,新版本锦鲤多关节机器鱼的原理结构与此类似。

7.1 理论基础

鱼类作为最具代表性的水生生物,经过几亿年的时间进化出了非凡的水中运动能力,既可以在持久游速下保持低能耗、高效率,也可以在拉力游速或爆发游速下实现高机动性。普通鱼类的游动推进效率可达 80％以上,鲹科鱼类的推进效率超过 90％,而普通推进器的平均效率只有 40％～50％。鱼类可迅速地以只有 0.1～0.3 倍体长的转弯半径来变换行进方向,而一般船舶须以 3～5 倍体长的半径缓慢地变换。这些都表明鱼类的运动性能远远高于现有的螺旋桨推进器,而鱼类的这种高效、快速、机动、灵活的水下推进方式,正吸引着研究人员将更多的注意力集中于仿生机器鱼的研究中。近年来,仿生学、材料、计算机、电子和制造技术的飞速发展为新型仿生机器人的设计提供了很大的帮助,仿生机器鱼的研制也取得了许多新的研究成果。

鱼类游动推进模式的研究是机器鱼运动学建模、控制系统设计以及结构设计的基础。由于鱼类在水中的运动涉及流体环境的水动力学和鱼体的运动学,在现有的水动力学分析的基础上很难建立起鱼类游动的复杂水动力学模型,因此,很难通过解析的方法建立精确的数学模型。鱼类行为学家的研究表明,鱼类的推进运动中隐含着一由后颈部向尾部传播的行波。受此启发,人们尝试从运动学的角度来研究鱼类的推进,以避免复杂的水动力学分析。

在所有鱼类中,鲹科鱼类以极高的运动速度和推进效率而倍受研究人员的青睐,同时也是大多数人工机器鱼系统的模仿对象。鲹科鱼类推进模式属 BCF 模式中的波动类,其运动特征是:游动时身体主干部分(前 2/3 身体部分)的波幅很小,明显的波动主要集中在身体的后 1/3 身体部分,前向的推力主要由刚性的尾鳍产生。

国内外学者很早就致力于鲹科鱼类推进机理的研究,取得了二维波动板、大摆幅细长体、二维抗力、涡流喷射等很多成果。这些推进理论的研究为仿生机器鱼的实现提供了理论基础。

鱼类属于脊椎动物种群,其身体由多根脊椎骨相互连接而成。采用尾鳍推进的鱼类在游动时主要通过脊椎曲线的波动来产生推进力,因此,大多数鱼类特别是鲹科鱼类的推进机构可分为两部分:柔性身体和摆动的尾鳍。其中,柔性身体可看作是由一系列的铰链连接而成的摆动链,尾鳍可视为摆动的水翼,如图 7-1 所示。

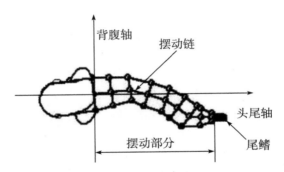

图 7-1 鲹科鱼类游动的物理模型

当前对鱼类的仿生集中于运动仿生,即模仿鱼类快速、高效、灵活的运动机制。在构建仿生机构之前,有必要对鱼类的运动机构进行简化,结合鱼体几何特征和游动特征定性地提取形体参数和运动参数,在此基础上建立相关的数学模型。

鱼类与游动特征相关的形体参数主要有:

(1)摆动部分长度占身体总长的比例(R_1)。根据 R_1 的不同取值,可将鱼类分为鳗鲡科、鲹科、亚鲹科、鲔形科等。一般来说,随着 R_1 的减小,鱼类的游动效率和游动速度增加,但机动性能降低。

(2)摆动部位的简化关节数 N。摆动关节数 N 越大,鱼体的柔性越好,其游动灵活性越强,但其游动效率越低。随着 R_1 的减小,N 随之减小,其身体的刚性增加,游动效率增加,身体灵活性降低。考虑到机电系统的结构和尺寸约束,以及在多关节串联情况下容易出现的大误差累积,N 也非越大越好。在设计过程中需要考虑机器鱼的总体尺寸、所要求的性能以及机电系统的精度等因素。

(3)摆动部分各个关节之间的长度比 $l_1 : l_2 : \cdots : l_N$。在关节长度 $l_i(i=1,2,\cdots,N)$ 相对短的部位,关节密集度较高,此处柔性比较好,可以产生较大角度的摆动。多数鱼类沿着头尾轴的方向,关节长度比例越来越小,摆动幅度却逐渐增加,在尾柄处达到最大。

(4)尾鳍形状。尾鳍的形状与身体的游动特征密切相关。一般来说,R_1 越大,主要由身体波产生推进力,尾鳍的形状主要用来调节机动性能,因此,尾鳍柔性较高,多成半圆形和梯形;R_1 越小,尾鳍在摆动时产生的推进力越大,同时其尾鳍的刚性越好。凡游动快速而又作长距离洄游的鱼类,尾鳍多呈新月形或叉形,且尾柄较狭细而有力,如金枪鱼、鲇鱼、鲅鱼等。

从生物力学角度分析,大多数鱼类采用波状摆动推进,即在动态游动过程中通过身体的波动,把水对鱼身体的反作用力转换为前向推进力和侧向分力,整个身体波所产生的侧向分力相互消减,从而推动身体向前运动。同时充分利用水流的作用,对产生的涡流进行能量回收,以提高游动效率。在这个意义上,身体波动的形式决定了鱼的游动性能和游动效率。

决定鱼类游动身体波动的特征参数有:

(1)鱼体波曲线方程 $Y_{body}(x,t)=f(x,t)$。鱼体波曲线方程主要表征鱼体中心线(脊柱)的瞬时运动,决定了鱼类的运动形式。

(2)身体各个部分的关节摆动幅度。在实际中,鱼在启动、加速和转弯时大幅度、高频摆尾,以期获得高推力;而在洄游时小幅度、低频摆尾,以期获得高效率。对鲹科鱼类来说,尾鳍摆动轴的平动幅值一般不应超过 0.1 倍体长。

(3)尾鳍的最大击水角。击水角是影响推进力和游动效率的一个重要参数。击水角太小,产生的向前推进分力就小;击水角太大,尾鳍与水流间产生的反作用力和游动方向几乎垂直,在游动方向上产生的分力接近零或产生阻力。相关研究指出,在摆动翼推进中要获得较高的推进效率必须满足以下条件:尾鳍摆动运动比平动运动相位超前角度为 $70° \sim 110°$;最大击水角 α_{max} 满足 $14° < \alpha_{max} < 25°$。

7.2 简化实现

基于前述理论,经过鱼类运动学模型的简化、鱼体波曲线方程的改进、机器鱼结构参数的优化等多个步骤(具体过程不再赘述),设计了三关节、无线通信的多关节仿生机器鱼。机器鱼采用身体波动的推进模式,即靠尾部三个电机的协调摆动来拟合鱼体的运动。

多关节仿生机器鱼结构如图 7-2 所示,实物如图 7-3 所示。

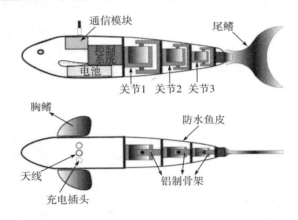

图 7-2　多关节仿生机器鱼结构示意图

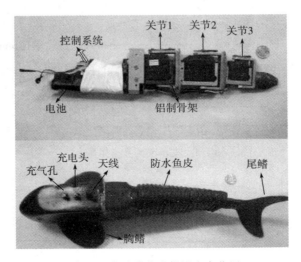

图 7-3　多关节仿生机器鱼实物图

7.3 机械结构

机器鱼总体结构大致分为鱼头、鱼体、鱼尾和鱼皮四个部分。

7.3.1 鱼头

鱼头由玻璃钢制成,设计成内空的流线型,如图 7-4 和图 7-5 所示。鱼头总长为 165 mm,可分为两部分。前部分长 65 mm,是底为方形的近似圆锥形,主要是为了减小机器鱼在水中游动时的阻力。后部分是长 100 mm、宽 45 mm、高 80 mm 中空的立方体,壁厚 5 mm。其最后端壁厚 3 mm、长 30 mm,与鱼皮连接出,其上左右两边各留有两个与鱼体骨架左右固定板连接的螺丝孔。其顶端预留有三个孔,分别是电池充电接口、天线安装口、充气密封口。

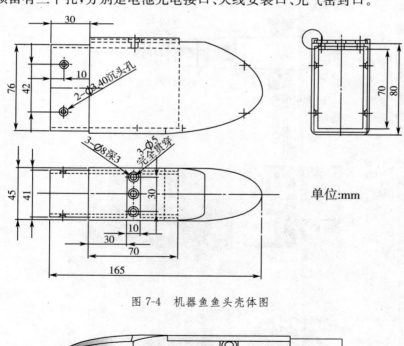

图 7-4 机器鱼鱼头壳体图

图 7-5 机器鱼鱼头效果图

7.3.2　鱼体

　　鱼体前部分有左、右两块固定板(分别见图 7-6 和图 7-7),其主要作用是连接鱼体和鱼头,其尺寸相同、结构左右对称。固定板长 63 mm、宽 20 mm、厚 5.50 mm,其上预留有四个螺丝孔,其中两个与第一关节内(见图 7-8)固定连接,另外两个与鱼头壳体固定连接。

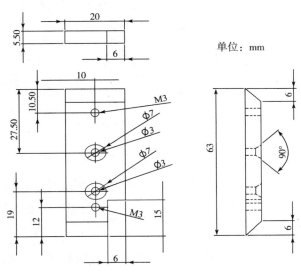

图 7-6　鱼体左固定板图

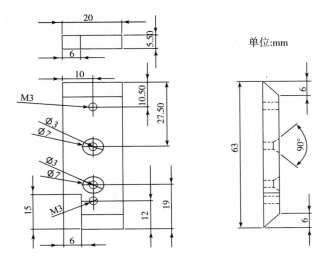

图 7-7　鱼体右固定板图

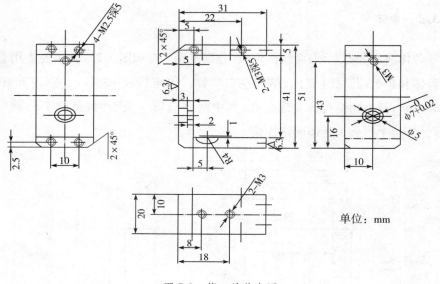

图 7-8　第一关节内图

第一关节内除了左、右两端固定连接有左、右固定板外,其前端还固定连接有电源支架(见图 7-9)与电源开关支架(见图 7-10)。电源支架主要是用来安置控制系统和电池,其为厂字形薄板(宽 20 mm、厚 1 mm),与关节固定的连接端长 29 mm,并预留有两个连接用的螺丝孔,用来安置控制系统和电池的另一端长 70 mm。电源开关支架的主要作用是安装电源开关,其为宽 20 mm、厚 1 mm 的厂字形薄板,与第一关节内固定的连接端长 10 mm,安装电源开关一端长 14 mm。

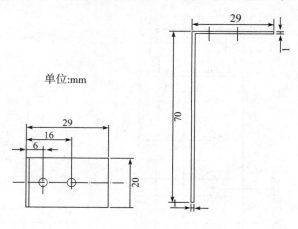

图 7-9　电源支架图

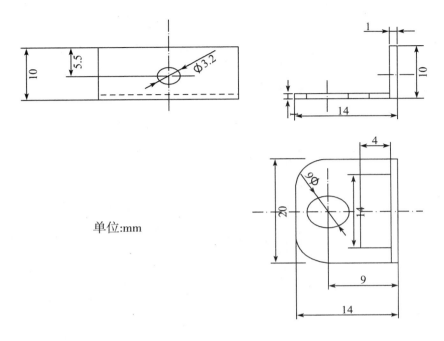

单位:mm

图 7-10 电源开关支架图

鱼体骨架由三个关节前后依次连接而成,其第一、第二关节尺寸大小完全相同,第三关节形状相同而尺寸减小,其关节装配连接如图 7-11 所示。鱼体第一、第二、第三关节内开口朝上安装,分别用来安置电机。第一、第二关节内工程尺寸如图 7-8 所示,其为上端开口、厚 5 mm、宽 20 mm 的三面薄板形,底端长 51 mm,前后两段均为 31 mm,底端另预留电机安装孔,后端底部留有用来安装电机的半径为 4 mm 的半圆形凹槽,后端另预留两个连接下一关节的固定螺丝孔。第一、第二关节外工程尺寸如图 7-12 所示,其为前端开口、厚 3 mm、宽 14 mm 的三面薄板形,上端长 40 mm,低端长 3 0 mm,后端长 51 mm,上端和底端均预留有电机安装孔,后端预留有跟前后关节连接的螺丝孔。第三关节内与第一关节内形状相似、工程尺寸不同,其厚 5 mm、宽 12 mm,底端长 39 mm,前后两端长均为 24 mm,底端也预留有电机安装孔,后端预留有用来安装电机的半径为 3.7 mm 的半圆形凹槽,并有两个连接第三关节外的螺丝孔。

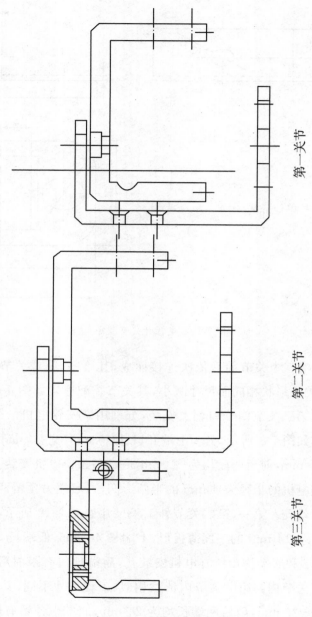

第一关节

第二关节

第三关节

图 7-11　关节装配连接图

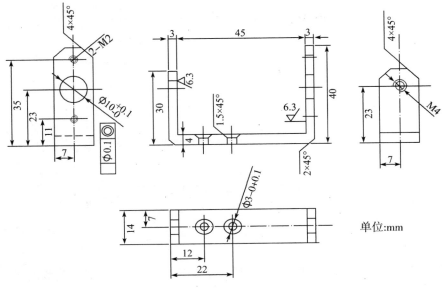

图 7-12 第一关节外图

在第一与第二关节及第二与第三关节之间,均有用来支撑鱼皮的垫片,两垫片均为厚 2 mm 的椭圆形薄板,其下端预留有电机导线通过的口子,中间有与前后关节固定连接的螺丝孔。第一与第二关节之间的垫片如图 7-13 所示,椭圆形,长 66 mm,宽 36 mm;第二与第三关节之间的垫片如图 7-14 所示,椭圆形,长 62 mm,宽 30 mm。

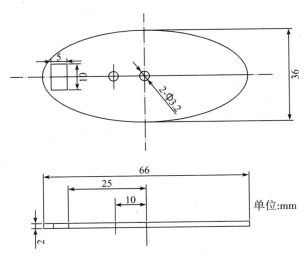

图 7-13 第一与第二关节之间的垫片图

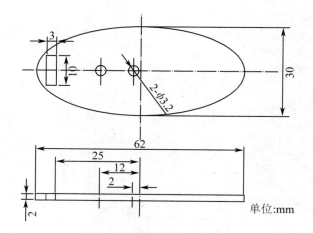

图 7-14　第二与第三关节之间的垫片图

前面所述的左、右两固定板,电源开关支架,第一、第二、第三关节内、外,前后两垫片,其材质均为合金铝;电源支架材质为铝板。

7.3.3　鱼尾

如图 7-3 所示,月牙形尾鳍通过鱼尾连接件(见图 7-15)与骨架的第三关节外相连。尾部连接件由硬塑料材质制成,总长 35 mm,可分为两部分。前部分长 15 mm,前端长 25 mm、宽 15 mm,上下是半径为 7.50 mm 的半圆形,其上有两个螺丝孔与第三关节外连接;后部分长 20 mm,中间留有用来连接月牙形尾鳍的卡槽,并有左右贯通的固定螺丝孔。

7.3.4　鱼皮

防水鱼皮与尾鳍均由软橡胶制成,如图 7-3 所示。鱼皮前端与鱼头壳体用胶水黏合,中间鱼体部分为纹形,可以在充气时适当缩放,后端与鱼尾连接件黏合,并保证黏合处防水。尾鳍制成月牙形,中间夹有硬塑料薄板。

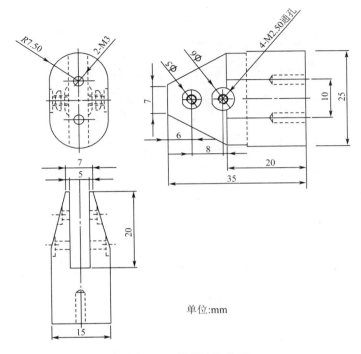

单位:mm

图 7-15　尾部连接件图

7.4　控制电路

7.4.1　整体思路

在控制单元中,仿生机器鱼的摆动控制集成在头部的控制电路板(见图7-16)中,直流伺服电机组由控制电路板控制。机器鱼接收从计算机通信模块发出的指令,通过控制电路,经调制产生 PWM 信号控制各个直流伺服电机的转角,从而实现各关节的协调摆动,复现鱼体的运动。

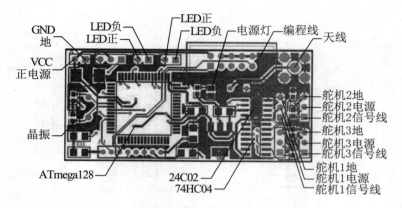

图 7-16 仿生机器鱼控制电路板示意图

仿生机器鱼游动的速度可通过调节关节的摆动频率来控制,其方向可通过不同的关节偏移来实现。在一个摆动周期内,通过前两个关节角 φ_{i1} 和 φ_{i2} 叠加不同的偏移量,可以实现不同的转弯。

机器鱼采用身体波动的推进模式,即靠尾部三个电机的协调摆动来拟合鱼体的运动。但在实现仿生机器鱼在水中的控制时,还存在以下难点:

(1)机器鱼以身体波动模式推进很难跟踪直线运动,且机器鱼不能后退,只能以不同的转弯模式来改变运动方向。

(2)机器鱼运动时水面产生波动,即使机器鱼处于静止状态也可能随水波动而漂移,造成了精确点到点控制的极大困难。

(3)由于很难通过解析的方法建立机器鱼的流体力学和运动学模型,因此无法预测机器鱼在接收上位机指令后的动作效果。

7.4.2 控制单元

根据 ATMEL 公司生产的精简指令集(Reduced Instruction Set CPU)AVR 系列单片机的特点,控制部分采用的是贴片封装的 8 位 AVR 单片机 AT-mege128。

7.4.2.1 先进的 RISC 结构

• 133 条指令(大多数可以在一个时钟周期内完成)。

- 32×8 通用工作寄存器和外设控制寄存器。

- 全静态工作。

7.4.2.2　非易失性的程序和数据存储器

- 128 KB 的系统内可编程 Flash,具有 10000 次写\擦除周期。

- 具有独立锁定位、可选择的启动代码区。通过片内的启动程序实现系统内编程,即真正的读—修改—写操作。

- 4 KB 的 EEPROM,具有 100000 次写\擦除周期。

- 4 KB 的内部 SRAM。

- 多达 64 KB 的优化外部存储器空间。

- 可以对锁定位进行编程,以实现软件加密。

- 可以通过 SPI 实现系统内编程。

7.4.2.3　JTAG 接口(与 IEEE 1149.1 标准兼容)

- 遵循 JTAG 标准的边界扫描功能。

- 支持扩展的片内调试。

- 通过 JTAG 接口实现对 Flash、EEPROM、熔丝位和锁定位的编程。

7.4.2.4　外设特点

- 2 个具有独立的预分频器和比较器功能的 8 位定时器/计数器。

- 2 个具有预分频器、比较功能和捕捉功能的 16 位定时器/计数器。

- 具有独立预分频器的实时时钟计数器。

- 2 路 8 位 PWM。

- 6 路分辨率可编程(2~16 位)的 PWM。

- 输出比较调制器。

- 8 路 10 位 ADC,8 个单端通道,7 个差分通道,2 个具有可编程增益(1×、10×或 200×)的差分通道。

- 面向字节的两线接口。

- 2 个可编程的串行 USART。

- 可工作于主机/ 从机模式的 SPI 串行接口。

- 具有独立片内振荡器的可编程看门狗定时器。

- 片内模拟比较器。

7.4.2.5 特殊的处理器特点

- 上电复位以及可编程的掉电检测。

- 片内经过标定的 *RC* 振荡器。

- 片内/片外中断源。

- 6 种睡眠模式：空闲模式、ADC 噪声抑制模式、省电模式、掉电模式、Standby 模式以及扩展的 Standby 模式。

- 可以通过软件进行选择的时钟频率。

- 通过熔丝位可以选择 ATmega103 兼容模式。

- 全局上拉禁止功能。

7.4.2.6 I/O 和封装

- 53 个可编程 I/O 口线。

- 64 引脚 TQFP 与 64 引脚 MLF 封装。

7.4.2.7 工作电压

- 2.7～5.5V ATmega128L。

- 4.5～5.5V ATmega128。

7.4.2.8 速度等级

- 0～8 MHz ATmega128L。

- 0～16 MHz ATmega128。

Atmega128 引脚配置如图 7-17 所示。ATmega128 为基于 AVR RISC 结构的 8 位低功耗 CMOS 微处理器。由于其先进的指令集以及单周期指令执行时间，ATmega128 的数据吞吐率高达 1 MIPS/MHz，从而可以缓减系统在功耗和处理速度之间的矛盾。

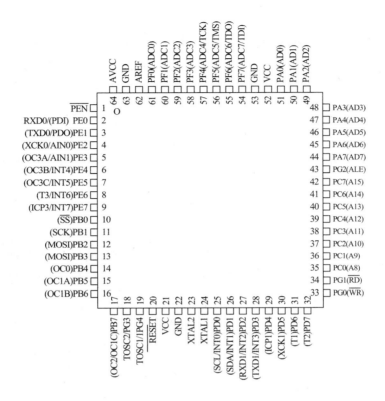

图 7-17　Atmega128 引脚配置示意图

ATmega128 主要组成部分包括以下几个部分:

(1)AVR 结构具有两个主存储器空间:数据寄存器和程序寄存器。此外,AT-mega 128 还有 EEPROM 存储器以保存数据。这三个存储器空间都是线性的。

系统内可编程的 Flash 程序存储器:ATmega128 具有 128 KB 字节的在线编程 Flash。因为所有的 AVR 指令为 16 位或 32 位,故 Flash 组织成 64 K× 16 的形式。考虑到软件安全性,Flash 程序存储器分为两个区:引导程序区和应用程序区。Flash 存储器至少可以擦写 10000 次。

SRAM 数据存储器:ATmega128 支持两种不同的 SRAM 配置,即内部 SRAM 数据存储器和扩展的 SRAM 数据存储器。

EEPROM 数据存储器:ATmega 128 包含 4 KB 的 EEPROM。它是作为一个独立的数据空间而存在的,可以按字节读写。EEPROM 的寿命至少为 100000 次(擦除)。EEPROM 的访问由地址寄存器、数据寄存器和控制寄存器决定。

(2)具有 PWM 功能的 8 位定时器\计数器,即单通道计数器、比较匹配时清零定时器(自动重载)、无干扰脉冲、相位正确的脉宽调制器(PWM)、频率发生器、外部事件计数器、10 位时钟预分频器、溢出与比较匹配中断源(TOV2 与 OCF2)。

(3)中断单元。

(4)SPI 口:在程序下载时可以用于控制对单片机的编程,在程序运行时是一个全双工的 SPI 端口。

(5)USART(通用同步\异步收发器)。

7.4.3 驱动单元

驱动部分采用的是日本双叶电子工业株式会社(Futaba)的 S3003(见图 7-18)和 S3102(见图 7-19)两款舵机。舵机是一种位置伺服的驱动器,适用于那些需要角度不断变化并可以保持的控制系统。其工作原理是:控制信号由接收机的通道进入信号调制芯片,获得直流偏置电压。它内部有一个基准电路,产生周期为 20 ms、宽度为 1.5 ms 的基准信号,将获得的直流偏置电压与电位器的电压比较,获得电压差输出。最后,电压差的正负输出到电机驱动芯片决定电机的正反转。当电机转速一定时,通过级联减速齿轮带动电位器旋转,使得电压差为 0,电机停止转动。

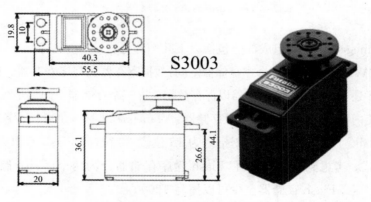

图 7-18　Futaba S3003 舵机图

Futaba S3003 参数如下:

尺寸:如图 7-18 所示。

重量:37.2 g。

速度:0.23 s/60°(4.8 V)。

输出力矩:3.2 kg·cm(4.8 V)。

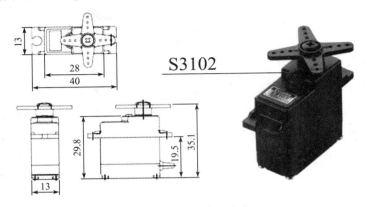

图 7-19　Futaba S3102 舵机图

Futaba S3102 参数如下:

尺寸:如图 7-19 所示。

重量:21 g。

速度:0.25 s/60°(4.8 V)。

输出力矩:3.7 kg·cm。

7.4.4　通信单元

通信部分采用的是华荣汇通信的 GW100B 通信模块(见图 7-20)。

图 7-20　GW100B 通信模块图

GW100B 通信模块具有以下特点：

（1）标准异步串行接口（UART，1 个起始位，8 个数据位，1 个以上停止位，0 或 1 个校验位），方便与各种控制器的硬件串口连接。

（2）数据直接传输（自动静噪，过滤掉空中假数据，所收即所发），双工通信，收发自动切换，使用上就像一根串行直连线一样方便。

（3）Modem 内置高性能 CPU 实现前向纠错（FEC）处理，通信可靠性大大提高，误码率非常低。

（4）硬件跳线选择最多有 16 个独立互不干扰信道、7 挡波特率及串口模式。

（5）以串口软件设置无线频道，实现软件跳频。

（6）3.3 V/5 V 兼容 TTL、RS232、RS485 多种接口电平选择，使用更加灵活。

（7）DC 3.0～8.0 V 宽压工作，以 I/O 控制电源关断，降低功耗。

（8）针对不同应用需求，设计不同尺寸与接口的产品，型号齐全。

（9）由于软件纠错编码增益，所以相同辐射功率条件下，针对同一误码率指标，带 FE 的无线模组通信距离要远长于一般的无线数传模组或不带 FEC 的无线模组。

7.4.5 供电部分

供电部分采用的是三洋公司生产的 eneloop（见图 7-21）四节串联五号电池，具有以下特性：

（1）超低自放电，充满存放半年保存 90% 的电量，存放一年保存 85% 的电量。

（2）无记忆效应，随充随用，对电池不造成任何伤害，保证了电池的寿命和容量。

（3）耐低温，在北方低温天气下可以保持足够的电力。

（4）闪光灯回电快，电压相对普通电池要高出 0.1 V 左右。

（5）超多充电次数，是普通充电电池的两倍，为 1000 次，寿命约 10 年。

图 7-21 eneloop 电池实物图

7.5 锦鲤多关节机器鱼

新的锦鲤多关节机器鱼如图 7-22 所示,原理结构与上述机器鱼类似,采用中华锦鲤的外形设计。

图 7-22 锦鲤多关节机器鱼

8　多关节机器鱼比赛项目规则

本章主要介绍国际水中机器人大赛多关节机器鱼的相关项目规则（2019版），供大家学习参考。具体详细比赛规则，以当年官方网站公布为准。

8.1　场地设备及赛前准备

8.1.1　比赛场地

比赛场地为长方形水池，包括 2 台相同配置的比赛计算机、1 套标准场地支架、2 个标准摄像头、2 套标准球门、2 个标准无线通信模块、4 个 40 W 节能灯备用（现场根据实际情况确定是否添加补光），如图 8-1 所示。

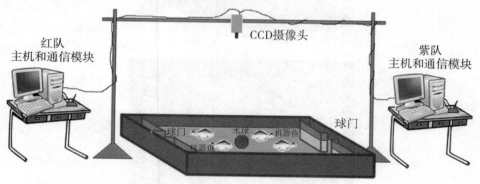

图 8-1　全局视觉比赛场地示意图

8.1.1.1　场地尺寸

水池内部矩形区域为最终的有效比赛场地，不包括水池壁及球门架两侧区域。有效比赛场地尺寸为 2700 mm×2000 mm×300mm（长×宽×高），如图 8-2 所示。除了有效比赛场地和球门区域外，机器鱼禁止进入其他任何区域。场地周边 1.5 m 内为竞赛设备区,准备场地面积为 5 m×6 m。比赛场地由组委会统一提供。

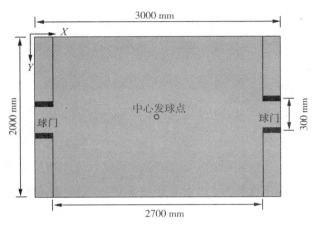

图 8-2 比赛场地尺寸

8.1.1.2 水深

水深为 200~250 mm。

8.1.1.3 颜色

池底和池壁为湖蓝色,球门架为白色。

8.1.1.4 球门

球门由两块"L"形球门架组成(材料由组委会统一提供)。球门架尺寸为 800 mm×150 mm×150 mm(长×宽×高),如图 8-3 所示。形成的球门宽度约为 300 mm,球门线距离池壁约为 150 mm。

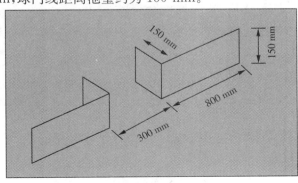

图 8-3 比赛球门架

8.1.1.5　发球点

抢球博弈(1 VS 1)的比赛中只有一个发球点,位于场地中央,称为"中心发球点"(见图 8-2)。发球点是裁判在比赛开始或比赛中断重新开始情况下放置水球的位置。为防止水球漂移,主裁可以采用湖蓝色球杆将球轻轻固定直至比赛开始。

8.1.1.6　球门区

球门区是指球门线、两球门架短边、池壁所围成的区域。

8.1.1.7　观众及其他

在比赛过程中,场地周围 1.5 m 范围内除裁判外不得有观众或队员围观。除球门、水球和参赛机器鱼外,比赛场地中不得放入其他任何与比赛无关的设施或干扰物。

8.1.2　水球

8.1.2.1　构成

比赛用水球为由塑料制成的可充气按摩用健康球,充气后直径大约为 130 mm,颜色为红色,在球中注入一定体积的水,使球悬浮在一个合适的深度(露出约 1/5 直径的高度,以便于机器鱼触球),如图 8-4 所示。为保持一致性,水球由组委会统一提供。

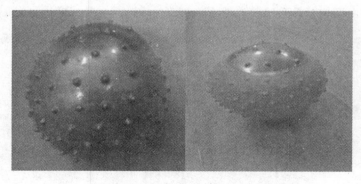

图 8-4　水球

8.1.2.2　更换水球

在比赛过程中若水球损坏,则由裁判决定暂停比赛以及更换水球,并确定重新开始时间。没有裁判的许可不得更换比赛用水球。

8.1.3 圆环形漂浮物

8.1.3.1 构成

圆环形漂浮物(简称"漂浮物")由两个呼啦圈以及配重块组成(见图8-5),呼啦圈内径(90±5)cm,外径(100±5)cm。要求漂浮物没入水中(8±2)cm,露出水面(2±1)cm,配重块质量不限。为保持一致性,漂浮物由组委会统一提供。

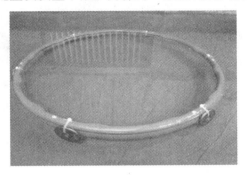

图 8-5 漂浮物

8.1.3.2 漂浮物更换

若比赛过程中漂浮物被破坏或因为配重不均匀而影响到比赛,并由裁判鉴定无法进行比赛时,则更换漂浮物进行比赛。

8.1.4 圆筒形支柱

8.1.4.1 构成

圆筒形支柱(简称"支柱")由笔筒[直径(8±0.5)cm,高度(19±1)cm]制成。水杯规格为高度(84±10)mm,直径(84±10)mm。每个水杯中的水量保持统一,注满水杯,水池水位为(25±2)cm。根据支柱难度分为三个等级:最低难度的支柱由接口黏合的两个笔筒叠制而成(见图8-6中1);中等难度的支柱由笔筒和配重物构成,配重物为0.25 kg(见图8-6中2);最高难度的支柱由笔筒和配重物构成,配重物为0.5 kg(见图8-6中3)。为保持一致性,支柱由大赛组委会统一提供。

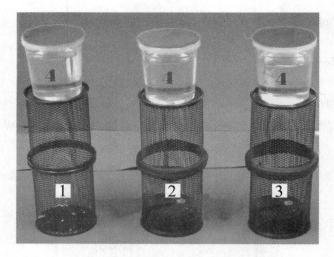

图 8-6　支柱(1、2、3 三个支柱的难度分别从易到难,4 为盛放小鱼的水杯)

8.1.4.2　支柱更换

若比赛过程中支柱损坏以致无法进行比赛,由裁判鉴定更换后继续比赛。

8.1.5　门卡

门卡由 300 mm×300 mm×150 mm 的型材架搭成,如图 8-7 所示。

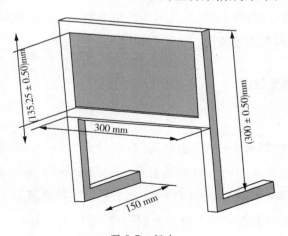

图 8-7　门卡

8.1.6　参赛方

8.1.6.1　机器鱼

机器鱼头尾轴方向定义为长度方向,与之垂直且与水面平行方向定义为厚度方向,垂直水面方向定义为高度方向。头部长度为 150～180 mm,高度为 60～90 mm;头部厚度为 30～50 mm;柔性身体长度(不包括尾鳍)为 160～190 mm,高度、厚度不超过头部;尾鳍长度为 50～80 mm,末段高度为 90～120 mm。胸/尾鳍为硅胶材质,不得使用金属材料,以免比赛中对其他机器鱼造成破坏,柔性身体部分部统一使用橡胶皮套。每个机器鱼重量不得超过 2 kg。在不受挤压的情况下,机器鱼必须能够放进一个底面半径为 75 mm、高为 450 mm 的圆筒里。

参赛机器鱼需通过赛会技术委员会检测和批准,符合标准者方可参赛。各参赛队伍可以在机器鱼的尾鳍侧面粘贴学校的名称、标志或编号,以区别不同球队的机器鱼。

8.1.6.2　球队

各队指导教师最多为 3 名,队员最多为 5 名,其中 1 名为队长。比赛开始后(只允许 2 名参赛队员入场,带队教师及其他队员不得入场,否则取消资格),队长和队员禁止接触比赛中的机器鱼。

8.1.7　裁判

8.1.7.1　裁判构成

裁判由组委会指定并予以监督,每场比赛设主裁 1 名、副裁若干。主裁负责控制整个比赛,副裁负责一些辅助任务以帮助主裁使比赛顺利进行。

8.1.7.2　主裁职责

(1)赛前宣布比赛规则,检查场地设置,复查参赛者的机器鱼是否符合规定。

(2)宣布开始、重新开始比赛,暂停、继续、结束比赛,宣布比赛结果。

(3)根据比赛规则判断机器鱼是否犯规,并对犯规机器鱼进行处罚。

（4）记录比赛时间，进球和比赛中断时暂停计时，重新开球后恢复计时；鸣哨罚点球时，计时不中断。

（5）记录比赛双方成绩。

（6）比赛开始后，发现参赛者远程遥控机器鱼，判罚违规者输掉比赛（此时比分小于0：5，则最终比分为0：5；否则此时的比分为最终比分）。

（7）比赛开始后，禁止参赛队员接触比赛中的机器鱼，裁判可以对违规者进行适当处罚。

（8）如果比赛中出现机械或其他故障，参赛队伍可以向主裁提出申请，由主裁进行裁决，或中断比赛，或继续比赛。

（9）开球时确保水球位于正确的位置上。主裁调整球位置时使用的球杆必须为湖蓝色，以保证不对比赛双方的颜色识别造成干扰。

（10）在比赛期间，主裁享有最终裁定权。如果队员对裁决有争论，给予黄牌警告；若争论不止，则给予红牌取消其比赛资格。

（11）比赛结束时双方队长必须在计分纸上签字确认。如有计分争议问题，赛后可向赛事仲裁处提出仲裁。

8.1.7.3　副裁职责

（1）维护比赛秩序。

（2）禁止比赛无关人员进入比赛场地。

（3）根据主裁指令拿出或放入机器鱼。

8.1.8　机器鱼控制平台

各参赛队伍采用自己的控制平台进行图像处理和目标识别，采用自己的策略算法进行比赛。

8.1.9　照明以及摄像头

8.1.9.1　照明

水池上方四角安装有节能照明灯，具体比赛场地情况由主办方统一设置，并提前向各参赛队伍公布。参赛队伍应于比赛前到达比赛场地，调试机器鱼以便适应场内照明环境。根据场地实际情况,当有 70% 的队伍无法进行调试时,实时调整光源。

8.1.9.2　摄像头

整个场地有 2 个摄像头,位于场地的中心。摄像头摄像范围必须能覆盖整个场地。在比赛时,各队分别完成自己的图像处理任务。为了统一标准及公平,各参赛队伍采用的摄像头必须具有相同的性能参数,建议使用组委会推荐的大恒水星系列 MER-040-60UC 型号。

8.1.10　无线通信

8.1.10.1　通信模块

机器鱼内置无线通信模块,比赛过程中可以和主机进行无线通信。

8.1.10.2　通信频率

比赛期间,通信频率可调范围要扩充到最大,比赛频率要公开限定在某几个频率上。每支参赛队伍不得在场地附件打开通信频率进行调试,比赛中根据场地的频率标识确定本队的通信频率。当频率冲突时,听从裁判安排统一调整。

8.1.11　赛前准备

为确保机器鱼符合比赛要求,赛前将由全局视觉组技术委员设置检录环节,检查合格后方可在比赛中使用。比赛期间若有修改,修改后的机器鱼必须再次接受检查。各参赛队伍需将比赛策略工程文件现场拷贝至指定检录计算机,生成 DLL 执行文件后再上传至比赛计算机。比赛前公布比赛赛程,请各参赛队伍注意时间。

参赛过程中各参赛队伍需提前将程序与数据存放在移动硬盘或 U 盘中,以备检录使用。

为保证各参赛队伍使用的参赛鱼通信连接顺利,请各队自行携带通信模块。

8.1.12　迟到处罚

8.1.12.1　对抗性比赛迟到处罚

参赛队伍每迟到 5 min(不足 5 min 时以 5 min 记),对方球队可获得一个入球;参赛队伍若在比赛开始 25 min 后仍未到场,则取消比赛资格,并判对方球队以 5∶0 的分数胜出。

8.1.12.2　非对抗比赛迟到处罚

参赛队伍迟到 5 min(不足 5 min 时以 5 min 记),取消冠军争夺资格;迟到 10 min,取消冠亚军争夺资格;迟到 10 min 以上者,此项比赛得分为 0 分。

8.1.13　比赛约定

8.1.13.1　用鱼审查

(1)各参赛队伍必须在比赛正式开始前 1 天(按大赛流程规定)抵达比赛场地,在场地报到处提交本次比赛所使用的全部机器鱼。由组委会工作人员对每条机器鱼进行检验,检验合格后在鱼身上粘贴唯一的验证标记并记录在案。未通过检验的机器鱼不得参加比赛。

(2)若某队对比赛用鱼不符合大赛标准存有异议,可提交仲裁委员会处理。审查时间段结束后,不再接受复议。

(3)每场正式比赛开始前,均由检录员核对比赛用机器鱼检录标记是否损坏,标记是否与之前记录的标记一致,如有作弊者直接取消比赛资格。

(4)严禁借用其他队伍的机器鱼参赛。

8.1.13.2　程序拷贝

(1)在比赛场地布置时,各场地双方比赛用主机放在竞赛桌子上,由大赛志愿者 A 全程看管。在比赛过程中,除志愿者 A 外任何人不得接触主机。双方的鼠标、键盘、显示器各放在一张桌子上,且离主机桌子有一定距离。

(2)在比赛开始前,由大赛志愿者 B 分别将参赛队的策略程序源文件拷贝至 1 号 U 盘和 2 号 U 盘,并交由志愿者 A 插到对应计算机上。

(3)在比赛过程中,双方均不得再次接触 U 盘。

（4）比赛结束哨声吹响后，双方操作选手应立即将手离开鼠标和键盘，裁判、观众、志愿者皆可监督，恶意删改程序者将被判比赛出局。由志愿者 A 将每台计算机的程序退出，U 盘退出，并交由志愿者 B 将双方的策略程序源文件拷贝至秘书组计算机存档。拷贝完成后，组委会秘书组将 U 盘格式化，以备下场比赛使用。

8.1.13.3　程序公布

全部比赛结束后，各项目前三名队伍的源程序必须予以公开，不接受公开的取消前三名资格。公开的目的是参赛队伍之间互相学习、交流和提高。

8.2　全局视觉水球 2 VS 2

8.2.1　比赛时间

8.2.1.1　上、下半场时间

上、下半场各 5 min（不包括暂停时间），整场比赛将持续计时（两个 5 min 半场）。比赛使用一个总计时器，除非比赛双方和裁判一致同意更改时间，否则比赛时间不会改变。

8.2.1.2　中场休息时间

中场休息时间 3 min，除非比赛双方和裁判一致同意更改时间，否则比赛时间不会改变。在中场休息时，只要有一方提出对换场地，则必须对换场地。

8.2.2　比赛过程

8.2.2.1　赛前准备

为确保机器鱼符合比赛要求，赛前将由赛会技术委员检查各参赛队的机器鱼。比赛期间机器鱼若有修改，修改后的机器鱼必须再次接受检查。比赛前赛会须公布比赛赛程，并为每个参赛队伍提供调试的时间。比赛用移动硬盘或 U 盘保存程序和数据。

8.2.2.2　场地选择

在上半场开始前，由裁判投掷硬币，比赛双方队长猜测硬币朝向，猜对的一

方首先挑选半场,另一方开球;下半场开始时双方互换场地,并由另一方开球。

8.2.2.3　开球位置

开球位置位于场地中心的发球点,所有机器鱼必须位于自己应置区内,且必须静止不动。水球 2 VS 2 开球位置如图 8-8 所示。

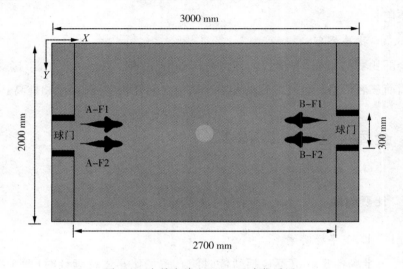

图 8-8　全局水球 2 VS 2 开球位置图

8.2.2.4　开球

裁判鸣哨开球后,所有的机器鱼由各参赛队员手动启动。在裁判哨声前抢先启动的机器鱼将被警告,二次警告后将被移离比赛场地,不得再参加比赛。

比赛分上、下两个半场。在上半场开场时,A、B 两队机器鱼分别从本方球门处出发;同理,在下半场开场时,A、B 两队机器鱼交换场地,分别从本方球门处出发。

若有一方进球,则重新开球。

8.2.2.5　重新开球

出现下列情况之一则必须重新开球:

(1)比赛上、下半场开始。

(2)进球后重新开始。

(3)比赛暂停后重新开始。

8.2.2.6 比赛中断

如果双方机器鱼发生碰撞造成故障或发生其他特殊情况时,裁判可以鸣哨中断比赛,但是否继续计时由裁判决定;裁判鸣哨恢复比赛时,所有机器鱼回到自己半场,重新开球。

8.2.2.7 更换机器鱼

当比赛暂停和半场结束时,可以更换机器鱼,不需通知裁判。

在比赛过程中,如果一方机器鱼出现故障,可以更换机器鱼。更换过程如下:

(1)更换方队长向裁判申请更换机器鱼。

(2)裁判同意更换机器鱼。

(3)裁判将更换后的机器鱼于水池中线靠边缘位置重新放置。

更换的机器鱼必须放置在水池中线靠边缘区域,并且方向不能对其进攻有利,机器鱼更换次数不受限制,被换出的机器鱼可以重新参加比赛。机器鱼更换过程中比赛不暂停。

如果故障是因为和对方机器鱼挤撞造成的,裁判可以决定是否继续比赛或暂停比赛。

8.2.2.8 犯规及处罚

当水球整体位于攻方半场时,如果守方机器鱼有超过一半部分越过球门线进入球门区,则被判犯规。裁判应立即将犯规机器鱼拿出,于中线位置重新放置。放置过程需遵循机器鱼更换规则。

8.2.2.9 点球

如果比赛结果为平局且必须决出胜负,那么比赛双方将进行点球。

在罚点球时,水球放在球场中点处,主罚机器鱼放在己方半场开球位置。点球大战包括两轮:第一轮,对方有一条机器鱼进行防守,时间最多 3 min,进球时间短者获胜;若都没有进球或时间相同,则进入第二轮,去掉对方机器鱼,重复上述过程,时间最多 2 min,进球时间短者获胜。

8.2.3 计分规则

8.2.3.1 进球得分

在比赛正常进行情况下,如果水球整体越过球门线,由裁判鸣哨判定攻方球队进球得分。乌龙球视为对方的进球。

8.2.3.2 积分和名次

比赛中进球更多的球队获得比赛胜利。如果进球数相同,则比赛为平局。根据比赛结果,球队按照下列规则获得积分:获胜得 3 分,平局得 1 分,输球得 0 分。

在小组赛时,如果两支球队积分相同,那么按照下列优先顺序确定球队名次:

(1)球队净胜球。

(2)每场比赛平均进球数。

(3)两支球队之间的比赛胜负情况。

当上述 3 条规则也无法确定排名顺序时,以现场总裁判判定为准。

8.3 全局视觉抢球博弈

8.3.1 比赛内容

参赛队伍各派 1 条机器鱼参加比赛。每条机器鱼起始时刻分别位于水池两侧本方球门前中心点处,水池正中间放有三个一样的水球(见图 8-9)。比赛开始后,双方机器鱼进行抢球,将球带入己方球门范围以内。待比赛时间结束之时,查看双方球门范围内(己方红色虚线内)水球的数量(以整体位于有效范围的个数为准),多者一方为获胜方。

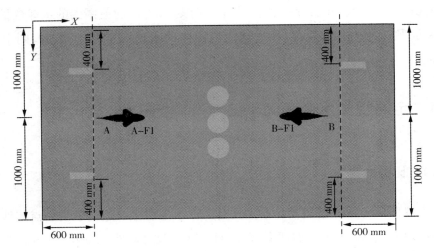

图 8-9　全局视觉抢球博弈示意图

8.3.2　赛前准备

比赛双方先自主商议向哪边攻球：如果双方达成共识，则按照商议的方案进行；如果出现分歧，则由裁判抛硬币决定双方攻球方向。

8.3.3　比赛时间

比赛时间为 5 min，比赛只进行一次，比赛过程中不得暂停。

8.3.4　计分规则

全局视觉抢球博弈比赛项目由主裁进行计分。

（1）比赛前机器鱼必须静止，裁判鸣哨后方能启动机器鱼。不得遥控机器鱼，如果发现手动遥控，则取消比赛资格。

（2）在 5 min 比赛时间内，可以去抢球并将球带入己方球门，也可以游至对方球门范围以内将对方的球带出。待比赛时间结束之时，查看双方球门范围内水球的数量，多者一方为获胜方。

（3）若在比赛时间结束之时，双方球门范围以内的水球数量相同，则按照双方攻入第一个球的时间决定胜负，即用时最短者获胜（第一个球必须攻入球门架直角内才有效)。在加时赛中,若在某一时刻 A 方球门范围内的水球数量多于 B 方,则 A 方获胜;反之,B 方球门范围内的水球数量多于 A 方,则 B 方获胜。

8.4 全局视觉水中角力

8.4.1 比赛内容

参赛队伍各派 1 条机器鱼参加比赛。以水池两个长边池壁的中点连线为分界线,将水池划分为左、右两个区域,每个区域尺寸均为 1.5 m×2 m。当比赛开始时,裁判将漂浮物放入水中,要求其球心与水池中心重合并保持静止,同时将比赛双方的机器鱼以图 8-10 所示位姿静止放入漂浮物的内部。比赛开始后,A 鱼将漂浮物顶向左区,B 鱼顶向右区。漂浮物描述见前述部分。

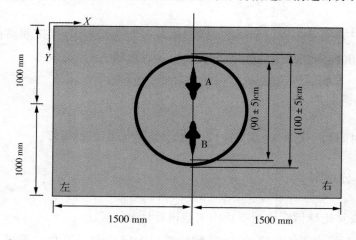

图 8-10 全局视觉水中角力示意图

8.4.2 比赛时间

比赛时间为 5 min,比赛进行 3 场,3 局 2 胜制,每场限时 1 min,场次间隔 1 min 以便调试,比赛过程中不得暂停。

8.4.3   评判规则

水中角力比赛项目由主裁进行评判。

(1)比赛前机器鱼以及漂浮物必须静止,裁判鸣哨后方能启动机器鱼,发生抢跑现象的参赛队伍直接判负。不得遥控机器鱼,如果发现手动遥控,则取消其比赛资格。

(2)比赛开始前,双方参赛队伍抽签决定进攻左区或右区,接下来2场依次交换场地。

(3)若在 1 min 内,A 队机器鱼率先将漂浮物完全顶入左区,则 A 队获胜,比赛结束;反之,若 B 队机器鱼率先将漂浮物完全顶入右区,则 B 队获胜,比赛结束。若上述两种情况均未出现,则比较 1 min 时双方占有漂浮物的面积,面积较大一方获胜,比赛结束。若此时双方面积相等,比赛将直接进入加时赛,直至两方占有漂浮物的面积不等时为止,面积较大的一方获胜,比赛结束。

8.5   全局视觉水中救援

8.5.1   比赛内容

参赛队伍派 1 条机器鱼按照抽签顺序参加比赛。水池中安放 5 个支柱,其中编号 2、4 的支柱为最低难度的支柱,编号 1、3 的为中等难度的支柱,编号 5 的为最高难度的支柱。每个支柱顶部放置一个装有真鱼的透明盒子,盒子上方贴有与支柱直径相当的红色色标,整个盒子代表受困待救的小鱼。支柱的初始位置如图 8-11 所示,支柱描述见前述部分。

机器鱼从水池右侧池壁中心点出发,逐一冲撞支柱,使得支柱顶部的盒子能够落入水中(水球偏离设定位置)。落入水中则代表成功营救受困的小鱼。

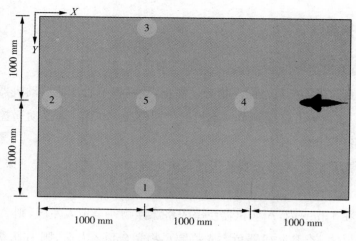

图 8-11　全局视觉水中救援示意图

8.5.2　比赛时间

比赛时间为 5 min,比赛只进行 1 场,比赛过程中不得暂停。

8.5.3　计分规则

全局视觉水中救援比赛项目由主裁进行计分。

(1)比赛前机器鱼必须静止,裁判鸣哨后方能启动机器鱼。不得遥控机器鱼,如果发现手动遥控,则取消其比赛资格。

(2)比赛时间为 5 min,采用计分规则。编号 1、2、3 的支柱上的盒子落入水中分别记 1 分,编号 4 的支柱上的盒子落入水中记 2 分,编号 5 的支柱上的盒子落入水中记 3 分。若在 5 min 内完成比赛,则记录完成比赛所用时间。以所用时间长短排序,时间最短者获得全局视觉水中救援比赛项目第一名,依此类推。

(3)若在 5 min 内未完成比赛,则比较各队得分高低进行排名。

(4)比赛时间到达 5 min 时,机器鱼必须自动停止,否则扣 1 分。

8.6   全局视觉水中协作顶球

8.6.1   比赛内容

以水池两个短边池壁的中点连线为分界线,将水池划分为上、下两个区域。每个区域尺寸均为1 m×3 m,门1与门2处放置门卡(注意:门1只能由上向下开启,门2只能由下向上开启),其余位置为比赛球门。参赛队伍派2条机器鱼比赛。

当比赛开始时,裁判将水球与机器鱼放入图8-12所示位置,并保持静止。裁判鸣哨后,A鱼将门1顶开,B鱼将水球通过门1顶向上区,随后任一条鱼顶开门2,最终机器鱼将水球顶入球门。

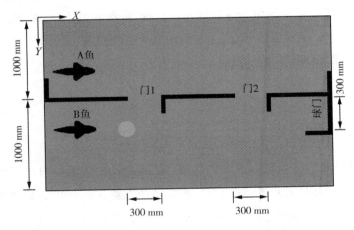

图8-12   全局视觉水中协作顶球示意图

8.6.2   比赛时间

比赛时间为5 min,比赛只进行1场,比赛过程中不得暂停。

8.6.3 计分规则

全局视觉水中协作顶球比赛项目由主裁进行计分。

（1）比赛前机器鱼以及水球必须静止，裁判鸣哨后方能启动机器鱼，发生抢跑现象的参赛队直接判零分。不得遥控机器鱼，如果发现手动遥控，则取消其比赛资格。

（2）比赛时间为 5 min，采用计时规则。分别记录 2 条鱼协作将球带过门 1、门 2、球门的时间。若在 5 min 内完成比赛，则按带入球门的时间排序，时间最短者为此项目的第一名，依次类推。若在 5 min 内未完成比赛，则按通过门卡的个数排序，通过门卡多者胜出。若通过门卡个数相同，则按通过前一门卡的时间排序，用时短者胜出。

（3）如果没有按照规则进行配合顶球，直接将球带入球门或只过了一个门就进入了球门，则需要将鱼和球放到起始位置，重新开始（时间累加，不清零）。

8.7 全局视觉花样游泳

8.7.1 比赛内容

参赛队伍各派 3 条机器鱼参加比赛。机器鱼初始位姿如图 8-13 所示，场地不设任何其他障碍物、水球、球门等。参赛队伍在给定时间内完成表演，表演分为指定动作和自由发挥两部分。指定动作有一定分值，但其出现顺序和出现时间不作限定；自由发挥部分表演内容不作任何限制（参赛队伍可自配背景音乐，携带小音响等辅助设备）。

图 8-13 全局视觉花样游泳示意图

8.7.2 比赛时间

表演时间至多 5 min,表演只进行 1 场,表演过程中不得暂停。

8.7.3 项目规则

(1)全局视觉花样游泳比赛项目设裁判团,根据动作完成情况进行打分。

(2)比赛前机器鱼必须静止,裁判鸣哨后方能启动机器鱼。不得遥控机器鱼,如果发现手动遥控,则取消其比赛资格。

(3)各队表演时另出 1 名解说员,对本队表演内容进行实时解说(可自带音乐、道具)。

(4)比赛主要考察各队指定动作的完成情况、自由发挥的难度、观赏性及完成度,通过打分评判。在限定时间内完成自定表演后,各裁判根据表演情况给分;若限定时间内未完成自定表演,各裁判酌情给分。总分由去掉一个最高分和一个最低分后的均值决定。

(5)总分共 100 分,指定动作 50 分,自由发挥 50 分。

8.7.4 指定动作

8.7.4.1 殊途同归

（1）动作描述：3 条鱼紧挨着从水池一端游出（哪一端不限），到达水池 1/3 附近时，外侧的 2 条鱼从外侧沿弧线游去，中间的鱼继续向前，3 条鱼尽量保持在同一直线上，如图 8-14 所示。

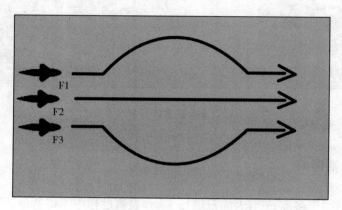

图 8-14 殊途同归示意图

（2）评分标准：殊途同归共计 15 分，分为 3 个评分点。3 条鱼在到达水池 1/3 左右处，3 条鱼游动紧密整齐 5 分，松散不整齐但未相互妨碍 3 分，相互妨碍 1 分；在水池 1/3～2/3 位置处，对称整齐 5 分，略微偏差 3 分，偏差较大 1 分；与其他动作的衔接，同时到达或对称到达动作起始位置 5 分，略微偏差 3 分，过度僵硬 1 分。

8.7.4.2 齐心协力

（1）动作描述：1 条鱼在水池中心转小圈，其他 2 条鱼依次绕这条鱼转大圈，如图 8-15 所示。

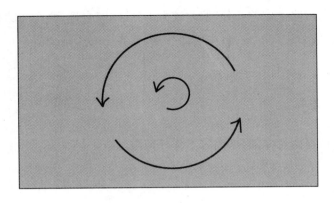

图 8-15　齐心协力示意图

(2)评分标准:齐心协力共计 15 分,分为 3 个评分点。旋转一致性,旋转角度,方向一致 5 分,略微偏差 3 分,偏差较大 1 分;位置对称性,对称 5 分,略微偏差 3 分,偏差较大 1 分;与其他动作的衔接,同时到达或对称到达动作起始位置 5 分,略微偏差 3 分,过度僵硬 1 分。

8.7.4.3　一带一路

(1)动作描述:3 条鱼从水池的一端依次切入正弦曲线中并沿正弦曲线游到另一端(哪一端开始不限)。要求 3 条鱼在切入曲线后游动速度相同,保持鱼间隙合理,并且要求 3 条鱼游动时必须依次沿曲线游动,如图 8-16 所示。

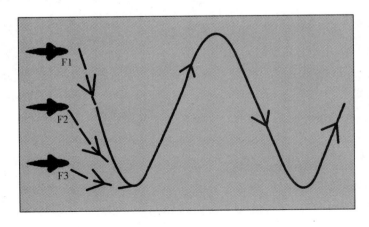

图 8-16　一带一路示意图

(2)评分标准:一带一路共计 20 分,分为 3 个评分点。3 条鱼均沿曲线游完全程,整齐5分,略微偏差3分,偏差较大1分;间隙合理,两两间隙相等5分,略微偏差3分,偏差较大1分;鱼头摆动节奏,整齐10分,略微偏差6分,偏差较大3分。

8.7.5 自由发挥

各队自拟自由发挥部分,内容不作任何限制。

9　多关节机器鱼协作平台与基础算法解析

9.1　协作平台

9.1.1　整体设计思路

系统整体设计思路如图 9-1 所示。以方形水池作为机器鱼活动范围,双方各有一定数目的仿生机器鱼,机器鱼顶部用不同色标组合加以标记区分(老版本),场地上方的摄像头获取场地图像信息并传至场外计算机,计算机中的软件控制系统通过图像识别模块得到机器鱼的位置和方向以及其他在相应任务中所需的物体信息。该信息经过整合处理传到控制策略库,由控制策略库得出相应的决策,通常是各机器鱼将要执行的速度和转弯等指令。该指令经过连接在计算机主机的无线通信模块传递给相应的机器鱼,而机器鱼在接收指令后,按相应的指令进行动作。至此,整个系统完成一个循环,将该循环往复执行下去,直至最终完成原定任务。

9.1.2　系统硬件结构

考虑到机器鱼单体的特点和系统的可普及性,采用全局视觉、集中控制式的硬件系统结构。全局感知和集中策略将使整个系统具有全局规划和推理能力。各机器鱼在空间上是分布的,运动状态和相对位置可以集中共享。

硬件系统结构如图 9-2 所示,包括 3 个功能层:决策层、信息交换层、执行层。

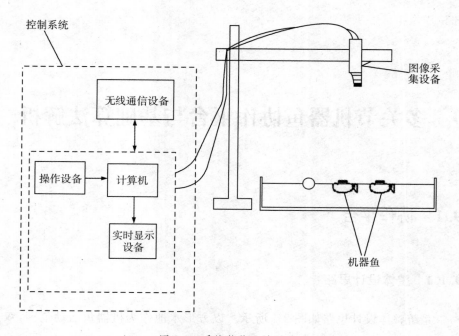

图 9-1 系统整体设计思路

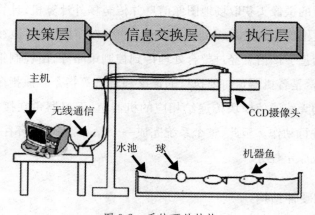

图 9-2 系统硬件结构

（1）决策层是 1 台装有协作系统软件的主机。它首先把采集回来的图像信息进行处理，再将图像识别结果和机器鱼反馈信息一起作为控制和决策系统的输入，最后输出机器鱼的控制命令。

（2）信息交换层主要包括 1 个 CCD 摄像头和 1 个全双工无线通信模块。

CCD摄像头负责采集机器鱼的外部状态信息和环境信息,并输入计算机的采集卡中;无线通信模块一方面把控制命令发送给机器鱼,另一方面也接收机器鱼反馈回来的内部控制信息。

(3)执行层是系统任务的执行者,包括机器鱼和完成具体任务需要的特定工具(如水球等)。

9.1.3 系统软件结构

9.1.3.1 整体结构

多水下机器人协作控制系统是一个涉及图像处理、无线通信、人工智能的软硬结合项目,系统软件结构如图9-3所示。

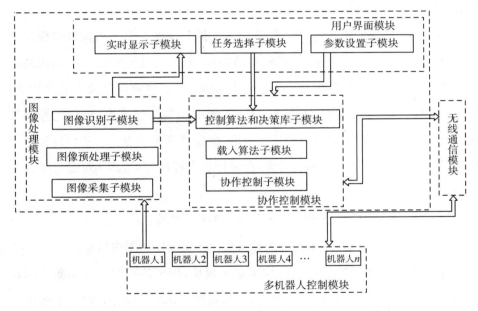

图9-3 多水下机器人协作控制系统软件结构图

协作控制模块是系统软件的核心,其他模块都是直接或间接地为它提供信息。它综合了所有的信息并产生控制命令,通过无线通信模块发送给机器鱼。

各模块的具体功能为:

(1)图像处理模块。外部环境信息(包括水面环境和机器鱼外部状态信息)

通过图像处理模块后,变成可以被协作控制模块接收的信息。这些信息被分别封装在各种相关类里,并通过接口函数被协作控制模块访问。

(2)用户界面模块。通过用户界面模块,用户不但可以实时地看到图像信息和识别后的图像数据,还可以通过菜单等控件设定所需任务及参与该任务的机器鱼。同时也可以设置相关的环境信息,如静态障碍、动态障碍、水球等。

(3)协作控制模块。对应不同任务的控制算法和协作策略封装在决策库里,对于一些智能控制算法,还可以根据实验过程中记录的控制参数及变量通过在线学习优化控制算法,不断更新决策库。其中的无线通信子模块接收协作控制子模块输出信息,同时将机器鱼内部的状态信息(如传感器信息、电机状态信息等)反馈给协作控制模块。

9.1.3.2 图像处理模块

图像处理模块的设计与实现是整个系统最关键的环节。图像处理模块的主要任务就是识别环境信息,跟踪机器鱼的运动,并将其转成协作控制模块可以识别的信息。在多机器鱼协作的一个控制周期里,视觉信息处理速度越快,协作控制模块可用的 CPU 时间就越长,就能运用复杂度更高、更优的控制算法。快速性和准确性是该模块的基本要求,但也是两大难点。在实验过程中存在着镜头失真、光照不均等不利因素,在设计与实现过程中,必须尽量排除这些干扰因素。

如图 9-4 所示,图像处理模块可再分为 3 个子模块:

(1)图像采集子模块用于控制图像采集设备采集原始图像信息。

(2)图像预处理子模块连接图像采集子模块,用于依次对图像采集子模块采集到的原始图像信息进行广角失真、叠加衬底、HLS 变换、图像分割、图像平滑化的预处理。

(3)图像识别子模块连接图像预处理子模块,将预处理的图像信息识别为计算机能够识别的信息。

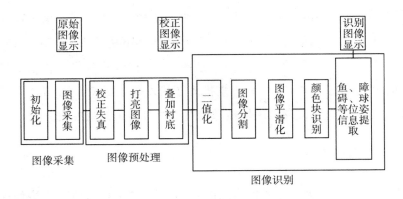

图 9-4 图像处理模块

9.1.3.3 用户界面模块

作为一个面向用户的协作控制系统,友好的人机界面是不可或缺的一个因素。用户界面模块在实时显示设备上显示了一个图形化、功能层次分明、易于操作的界面。

用户界面模块包括 3 个子模块:

(1)实时显示子模块用于控制实时显示设备对图像信息和仿真结果的实时显示。

(2)任务选择子模块以离线编程的方式存放协作控制模块控制算法和决策库中多机器人协作所用到的控制算法和协调策略。

(3)参数设置子模块用于预设置第一幅原始图像信息的颜色阈值、颜色搭配信息、当前环境的亮暗系数、失真系数等参数。

9.1.3.4 协作控制模块

协作控制模块是整个系统最重要的部分,其他所有的模块都是为这个模块服务的。协作控制模块可以分为 3 个子模块:

(1)控制算法和决策库子模块根据图像处理模块输送的图像信息和通过用户界面设定的协作任务计算出相应的决策。

(2)载入算法子模块从控制算法和决策库子模块中提取决策。

(3)协作控制子模块根据载入算法子模块输送的决策计算出指令,然后向各机器人控制模块发送指令。

协作控制子模块还包括下一层次的 4 个子模块:通信子模块,其接收协作控制子模块的决策并传输至协作子模块；协作子模块，其根据通信子模块输送的决策，处理正在执行任务的水下机器人和其他水下机器人之间的协作关系；规划推理子模块，其接受协作子模块输送的处理结果，并转化为各水下机器人对应的动作；动作子模块，其封装规划推理子模块输送的对应各机器人的动作指令，并将指令通过无线通信模块传送给对应的机器人控制模块。

9.1.4　平台运行流程

国际水中机器人大赛全局视觉比赛平台名称为"多水下机器人协作控制系统软件"（简称"MURobotSys"），而全局视觉比赛是本系统的一类标准应用，主界面如图 9-5 所示。系统一旦开始运行，它就会以 40 ms 为周期循环执行，从而保证 MURobotSys 的实时性。

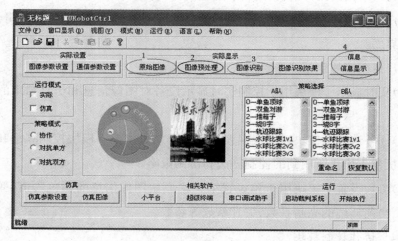

图 9-5　多水下机器人协作控制系统主界面

MURobotSys 开始运行时，首先会得到摄像头采集到的实时图像，并将其显示在用户界面的原始图像窗口（见图 9-5 中 1）中。对此时的图像，系统仅仅按照用户预先设置的图像参数进行显示范围的截取，以及图像整体色调、亮度、饱和度的调整，而并未作进一步的处理。因此，将此时的图像定义为"原始图像"。

MURobotSys 会对原始图像进行一系列的处理，以保证处理后的图像更易于被识别。同时，处理的结果会显示在用户界面的图像预处理窗口（见图 9-5 中

2)。由于图像还需要被进一步处理而识别出有用的信息,所以这一步被称为"图像预处理",此时的图像称为"预处理后的图像"。

MURobotSys 通过一系列的算法,对处理后的图像进行二次处理,主要通过颜色特征,结合用户预先设置的颜色阈值,识别出所需要的颜色块的位置和大小,继而根据用户设置的鱼、球以及障碍物的颜色搭配(即哪两种颜色代表几号鱼、哪种颜色代表球、哪种颜色代表哪个障碍物等)识别出鱼、球和障碍物的位置(定义为"环境信息"),这一步定义为"图像识别"。图像识别之后的结果会显示在用户界面的图像识别窗口(见图 9-5 中 3)。此时的图像已经去除了无用部分,仅显示需要的各种环境信息。显然,由于 MURobotSys 的周期性,根据前后时刻的位置,很容易得到速度、加速度等信息。这些信息通过信息显示窗口(见图 9-5 中 4)存储到指定文件中。

当得到环境信息之后,MURobotSys 会结合用户选择的策略,调用用户预先编写好的协作策略来计算出对每条鱼的控制命令。这些命令通过用户在界面上设置好的串口实时发送给机器鱼。

MURobotSys 通过循环执行以上功能,采集实时环境信息,并通过用户编制的策略对机器鱼进行实时控制,最终机器鱼水球比赛得以进行。

9.2 基础算法解析

多关节水中机器人比赛最初的比赛项目为机器鱼水球比赛,基本形式是两队机器人进行对抗,将水球顶入对方球门次数多者为胜,类似足球比赛。这和陆地机器人足球比赛有许多相同之处:目的都是将球攻入对方的球门;都需要快速、准确的传球;球员通过传球和带球进攻,完成射门动作。不同之处在于陆地机器人足球比赛在平整地面上进行,机器人和足球受环境的影响比较小;而机器鱼水球比赛在水环境中进行,水的波动对机器鱼和球的实时位置、运动轨迹等都有影响,因此更具有复杂性、不确定性,让机器鱼将球顶进球门具有更大的难度。

随着比赛规模的不断扩大,比赛项目不断开发,新出现了抢球博弈、协作顶球、水中角力、水中救援等项目,但这些都可以归结到一项最基本动作——机器鱼顶球。因此,在这里对顶球的一些基础算法进行解析,但限于篇幅,对具体程序不再赘述。

9.2.1 基本算法

基本算法先让机器人沿直线运动到最佳射门点 G(最佳射门点 G 的求取参看切入圆算法),再调整自身方向,然后前游顶球。整个过程一般要经过先加速后减速到 G 点,然后转角,最后加速顶球,过程示意图如图 9-6 所示。

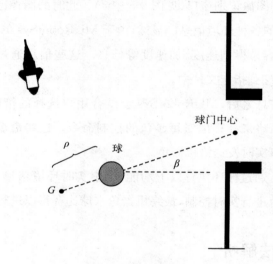

图 9-6　基本算法示意图

基本算法原理简单,易实现,但实际顶球效果并不好,容易出现以下问题:

(1)由于水中阻力小,目前比赛中用到的机器人没有制动机构,不能做到旋停,也不能倒退运动。即使尾部摆动频率降为零,机器人仍将沿着原来的运动方向漂移一段距离,这就造成了精确到达 G 点的困难性。

(2)机器人硬件条件的限制,较大角度的转弯不能一次完成,多次转弯调整中产生的水波会给环境造成更大的干扰,增加了控制的难度。

(3)如果机器人在球和对方球门之间,机器人为了达到 G 点可能会碰到球,极易造成为对方鱼助攻甚至出现乌龙球,这些是在比赛中常发生的。

9.2.2　切入圆算法

9.2.2.1　基本思路

切入圆算法的基本思路可描述为机器人先直线运动到切入圆上,再沿切入圆上的轨迹运动到最佳顶球点 G,最后以一定的速度顶球,如图 9-7 所示。

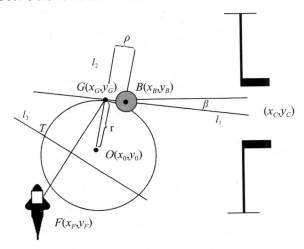

图 9-7　切入圆算法示意图

9.2.2.2　基本算法过程

最佳射门点 $G(x_G, y_G)$ 的计算公式为:

$$\beta = \arctan(\frac{y_C - y_B}{x_C - x_B})$$

$$x_G = x_B - \rho \cdot \cos\beta$$

$$y_G = y_B - \rho \cdot \sin\beta$$

式中,(x_G, y_G) 即为最佳顶球点的坐标,(x_C, y_C) 为对方球门中心坐标,(x_B, y_B) 为球的坐标,ρ 为常数,通常取比球半径稍大的值,可根据实际需求设定。

确定切入圆。切入圆是指机器人运动到 G 点所经过的轨线。过 G 点做直线 l_1 的垂线 l_2,在 l_2 上取与 G 点距离为 r 的点 O;以 O 为圆心,r 为半径作圆,恰与 l_1 相切与 G 点,圆 O 即为确定的切入圆。

其中,切入圆半径 r 为机器人最舒适转弯半径。所谓"最舒适转弯半径",即机器人在某一通用转弯挡位、游动速度最快下的转弯半径,通常取 55 cm。切入圆心 O 选取时应遵循点 O 与机器人位于 l_1 的同侧。

轨迹点的计算。连接机器人与切入点 G,作线段 FG 的垂直平分线 L_3。若 l_3 与切入圆 O 相交且有两个交点,则选取横坐标值较小的那个点为轨迹点;若只有一个交点,则直接选取改点为轨迹点;若 l_3 与圆 O 没有交点,则先以 G 点为临时轨迹点。轨迹点的集合即为机器人的进攻路径。

9.2.2.3 算法优点和缺点

切入圆算法可以引导机器人沿着指定的轨迹平滑地运动到最佳顶球点 G,同时机器人方向也调整到位,这样就同时消除了机器人与最佳进攻点 G 的角度和距离的误差。

但是,切入圆算法在实际实验和比赛中存在以下两个问题:

(1)由于水波的扰动,球处于漂移状态,这使得规划出的切入圆进攻轨迹点不断地变化,导致机器人长久处于位姿调整状态,贻误了顶球良机。

(2)该算法规划出来的进攻轨迹较长,所以在激烈的比赛环境中,往往我方机器人还未碰到球,球就已经被对方鱼劫走了。

9.2.3 动作算法

基本算法和切入圆算法是目前常见的顶球算法。这些算法主要考虑路径规划,因为合理的路径规划可以调高机器人靠近球以及运动到目标点的效率,能够更好地完成顶球任务。但是在实际比赛中,这些顶球算法的进球效率差强人意。这主要因为以下因素:

(1)和陆地情况不同,水下环境的复杂性和不确定性给系统带来大量的干扰,这些干扰在很大程度上降低了控制的效率和准确度,而理论上规划出的优秀进攻路径难以达到理想的实际效果。

(2)和陆地足球机器人不同,机器鱼的头是尖的,所以现实实践中机器鱼直接用头部顶球的成功率很低,特别容易顶偏。实际比赛中的进球往往不是机器人头顶着球,长途奔袭式的进球,大多数情况下是靠机器人反复调整、反复顶球,而最终完成的(虽然在机器人靠近球时适当地减小机器人的速度,有利于机器人用头顶着球游动,但在激烈的比赛环境中,水波波动较大,很难维持这种状态)。

动作算法采取了不同的解决思路:先让机器鱼快速地趋近球,到距离球一定的范围内时,再根据机器鱼、球以及对方球门的坐标几何位置关系,仲裁机器鱼动作,选择是用头顶球、用身体蹭球,还是用尾巴甩球(见图 9-8)。实践发现,用尾巴和身体完成击球动作,在此过程中即使机器鱼没有碰到球,激起的水波也有助于球漂向对方球门。

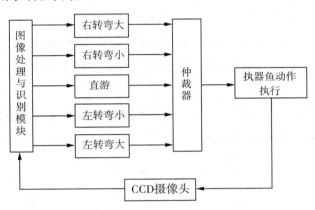

图 9-8　动作算法示意图

9.2.4　区域算法

足球是讲究攻击和防御并重的。当足球在场上的不同区域时,球队是采取进攻还是采取防守的策略也是不同的。区域算法的思想即来自于此:对水池进行划分,采用分区域控制的原则,使得机器鱼在不同区域内的进攻和防守具有较强的目的性,从而能够更好地实现赢得比赛的目的。

将水池划分为三个区域:我方禁区、中间区、对方禁区(见图 9-9)。

我方禁区	中间区	对方禁区

图 9-9　区域划分图

在不同的区域采用不同的控制策略。

(1)我方禁区的策略是主防守。具体策略是阻止对方机器人顶球射门和干扰对方带球机器人突破。由于水环境的复杂性和波动性,对方机器人射门一般不会在短时间内完成,因此我方在防守的时候主要从我方防守侧靠近球所在的位置,进行抢夺和阻挡,将球向外推离,这样防守效果比较明显。

(2)中间区的策略是主抢球。此区域是决定胜负的关键,谁能够在此区域抢到球,谁就能把握顶球的主动权,获得场上优势。具体通过模糊控制建立中间区的点到点控制,使机器人快速接近球。为了更快地到达目标点,将机器人的速度设置为最高挡,快到达目标点时再减速。进行点到点控制的时候容易出现一个问题,机器人只能由其当前位置到达球的中心所在位置,由于波动及惯性等因素的影响,有时会游过球。这时就要设置通过快速的转弯游到球的我方球门一侧,这样既有利于向对方球门的进攻,又有利于对我方进行防守,一举两得。

(3)对方禁区的策略是主进攻。将对方禁区依对方球门界限划分为主要区域和次要区域,如图 9-10 所示。

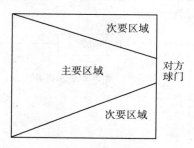

图 9-10 对方禁区划分图

当球处于主要区域时,具体策略是迅速进攻,控制机器人快速准确地直接把球顶进球门。拖延的时间越长,对方的机器人越有可能回来防守,使我方的进攻更加困难,进球的机会就会更小。在次要区域时,机器人可能没有直接的进攻角度,可以利用尾部甩球来实现球向目标球门靠近,也可以利用大幅甩尾的波动造成混乱,对对方防守造成影响。

主要参考文献

1. 谢广明,李卫京,刘甜甜,等. 水中仿生机器人导论[M]. 北京:清华大学出版社,2017.

2. 谢广明,何宸光. 仿生机器鱼[M]. 哈尔滨:哈尔滨工程大学出版社,2013.

3. 谢广明,何宸光. 全局视觉组机器鱼竞赛[M]. 哈尔滨:哈尔滨工程大学出版社,2013.